まえがき

　国鉄が元気だったころ、機関区や客車区といった現場の車輌基地を訪れると、構内の外れにいささかくたびれた客車が1輌、ポツンと留置されている光景によく出くわした。これが救援車である。

　災害や事故で本線が不通になると、復旧用の器材や人員を載せて、文字通り救援に駆けつけるのが使命である。半面、輸送が順調なら出番はなく、基地に留置されたままで数カ月から1年以上、全く動かないことも珍しくない。

　当然ながら、ピカピカの新車が充当されることはなく、全車が改造車で、2度3度のお勤めを経て、廃車目前の古強者ばかりになる。種車は様々

だから、形式は同じでも1輌ごとに外観はバラバラになる。

そんなクセのある車輌には、客車ファンはもちろん、多くの車輌ファンが関心を寄せてきた。1輌ずつひも解いて、できるだけ写真を掲載して、個性ある車輌の魅力を引き出してみたい。「図鑑」と銘打った所以である。

なお救援車は貨車、電車にも存在し、木造客車にも面白い車輌が多いが、本書ではファンになじみのある鋼製客車に絞って解説してみた。

操重車にはクレーン用の玉かけなど、特別の装備が必要で、専用の救援車が常時連結されていた。「操重車用」との標記のある高崎貨車区のオエ61 10。　1974.8.4　高崎　P：藤井　曄

17m戦災復旧車のオエ70形式
（オエ70 43）。
1973.7.1　中津川
P：千代村資夫

1．総論

■ 1－1　270輌前後だった救援車総数

　国鉄時代の救援車は年度によって若干の増減はあるが、1960年代から70年代にかけて、おおむね270輌前後で推移している。配置されたのは機関区や客車区、それらを統合した運転所といった現場の車輌基地が大半だが、工場に置かれたものもあった。いずれも事故や災害によって本線が不通になると、復旧用の器材、人員を載せて現場に駆け付けるのが役割である。

　救援車は戦前から存在するが、形式称号としては独立したものはなく、職用車（形式記号は「ヤ」）の中に含められていた。1953（昭和28）年に国鉄は大規模な車輌称号の改定を行い、この時に救援車は職用車から独立して「エ」の記号を与えられる。「きゅうえん」の「え」から取ったという。

　鋼製客車の救援車が本格的に登場するのは1960（昭和35）年度以降である。1950年代はまだ木造客車が幅をきかせた時代で、余剰車を改造して生み出す救援車に鋼製客車を充当する余裕はまだ生まれなかった。

　最初に登場するのは、車長が17m級のオハ31系客車を種車としたスエ30と、戦災復旧車[※1]を使ったオエ70、スエ71などである。オハ31系は登場以来30年が経過していたし、車長が短くて定員や荷重が少ないため、このころから廃車が始まっていく。戦災復旧車はもともと状態が悪く、早々と営業車からは引退が始まり、救援車に転用された。

最初の鋼製救援車は17m車のスエ30形式（スエ30 9）。
1967.10.22　品川客車区　P：中村夙雄

救援車の最大輌数は鋼体化改造車のオエ61形式（オエ61 54）。
1977.9.15　盛岡　P：和田　洋

20m車で代表形式となったスエ31形式（スエ31 48）。
1976.10.12　門司客貨車区　P：豊永泰太郎

■表1−1　鋼製救援車の形式別輌数推移表

形式	輌数	1959	60	61	62	63	64	65	66	67	68	69	70	71	72	73	74	75	76	77	78	79	80	81	82	83	84	85	86
スエ30	62		+14	+14	+14	+13	+2	+2																					
									−3		−5	−10	−3		−1	−2	−2	−2	−3	−5	−2	−2	−2	−1	−2		−1	−5	−6
		1	15	29	43	56	58	60	59	54	44	41	41	40	38	36	34	31	26	24	22	20	15	14	12	12	11	6	0
スエ31	88		+2	+1	+2	+1	+1	+18	+16	+19	+19	+5	+3		+1														
										−1				−2		−1			−2		−2		−8	−3	−2	−9	−10	−29
			2	3	5	6	7	25	40	59	78	82	85	83	81	80	78	78	76	68	62	59	57	48	38	29	0
スエ32	4			+2	+1		+1																						
										−1	−1			−1									−1					
				2	3	3	4	4	4	3	2	2	2	1	1	1	1	1	1	1	1	0
オエ36	3									+2	+1																		
																											−1	−2
										2	3	3	3	3	3	3	3	3	3	3	3	3	3	3	3	3	2	0
スエ38	8		+1	+3	+3				+1																				
									−1		−1	−6					−1	−1	−2										
			1	4	7	7	7	7	7	6	5	5	5	5	5	5	5	5	5	5	5	5	5	5	5	5	5	0
オエ61	122								+4	+5	+8	+3	+4	+2	+8	+5	+7	+9	+10	+4	+9	+13	+16	+12	+2	+1			
														−1	−1								−1	−1	−7	−15	−13	−81
									4	9	17	20	24	26	34	38	44	53	63	67	76	89	105	116	117	111	96	83	2
オエ70	63		+5	+12	+19	+13	+10	+3	+1																				
									−1	−2	−6	−5	−5	−3	−3	−2	−2	−2	−2				−4	−4		−1		−10
		5	17	36	49	59	61	60	54	47	42	37	34	31	27	25	23	23	23	21	21	20	16	12	10	10	10	0
スエ71	103		+3	+14	+20	+24	+29	+4	+9																				
										−2	−5	−5	−9	−6	−4	−3	−3	−3	−6	−2	−1	−6	−6		−1	−11	−9	−25
		3	17	31	61	90	94	100	98	93	88	84	82	72	69	67	62	61	53	52	46	46	45	34	25	0
スエ78	15		+1	+2		+7	+6																						
									−1	−1	−1	−1	−1	−1	−2	−1	−1							−2		−1	−5
			1	3	3	10	15	14	13	12	12	12	11	10	9	8	8	8	8	8	8	8	8	6	6	3	1
合計	468		+22	+44	+59	+57	+50	+15	+35	+21	+28	+9	+5	+10	+6	+4	+1	+9	+10	+4	+9	+13	+16	+12	+2	+1			
									−5	−9	−15	−24	−10	−7	−19	−11	−8	−10	−13	−3	−12	−14	−14	−17	−14	−19	−40	−155
		1	23	67	126	183	233	247	273	279	283	291	290	288	279	274	274	273	268	267	268	263	256	238	198	158	3

（注）上段は改造による増加数、中段は廃車による減少数、下段は年度末輌数

■表1−2　木造・鋼製救援車の輌数推移

	1953	1954	1955	1956	1957	1958	1959	1960	1961	1962	1963	1964	1965	1966	1967	1968	1969	1970	1971	1972	1973	1974	1975
鋼製救援車	1	1	1	1	1	1	1	23	67	126	183	233	247	273	279	283	291	290	288	279	274	274	273
それ以外	238	225	230	238	236	247	228	222	185	124	79	47	20	4	4	4	2	1					

（注）「それ以外」には木造車のほかに鋼製雑形車（ナエ2700）を含む

　表1−1に救援車の形式別増減状況をまとめた。これらの初期救援車の増備は60年代半ばまで続くが、このころから主役が交代し、20m鋼製客車を使ったスエ31や鋼体化改造車[※2]を再改造したオエ61が輌数を増やす。状態の悪い70系の救援車は早くも廃車の対象になっていった。

　70年代に入ると、オエ61は毎年度10輌前後の増備が続くが、それ以外の形式は数輌ずつ廃車が進み、徐々に輌数を減らしていく。

　鋼製救援車は全体で延べ468輌が生まれるが、在籍輌数のピークは1969（昭和44）年度末の291輌で、木造車時代を含めた適正規模は260〜280輌程度とみられる。鋼製救援車に置き換わる直前の1959（昭和34）年度末の木造救援車の輌数は223輌で、60年代は鋼製車の増備につれて木造車が廃車になり、鋼製・木造を合わせた全体輌数は微増傾向が続く。木造救援車が姿を消したのは66（同41）年度である。

　80年代に入ると、国鉄の財政状態は急激に悪化し、立て直しのための合理化が進められる。車輌基地の統廃合が活発化するが、意外に救援車の輌数は減らな

木造救援車の代表はナエ17100形式（ナエ17285）。形態も様々だった。
1964.8.25　松本　P：菅野浩和

い。よくあった形態は、機関区、電車区、客車区などが統合して運転所になる場合だが、結果的には新組織には以前の現場にあった救援車がそのまま移管されることが多く、輌数は変わらなかったりした。救援車は対象の車種別に搭載機器が違うといった理由はあるが、やはり国鉄という大所帯のなかの、それぞれの組織の論理が働いたのだろう。結局、民営化直前の1986（昭和61）年度に、一気に155輌が廃車になり、鋼製救援車は事実上姿を消す。

■1－2　荷物車が多かった改造種車

　救援車は全て改造によって生み出された。器材の運搬が主目的なので、そうした用途で設計されている荷物車や郵便車が適している。乗客を輸送する一般の客車の場合は、座席を撤去したうえに器材を運び出すために、側面に大きな扉を設ける規模の大きな改造工事になり、あまり種車には選ばれなかった。

　表1－3は鋼製救援車468輌を種車の形式種別で分類したもので、一見して分かるように圧倒的に荷物車改造が多く、全体のちょうど7割を占めている。座席を撤去するハやハフは比較的少ないが、スハフ32からスエ31への改造が18輌あり、このうち15輌は九州地区である。逆に言えば、その他の地区ではほとんど座席車は種車に使われなかった。

　国鉄の荷物輸送は民間の宅配便が急拡大する1980年代までは、ほぼ独占に近い形で輸送量を伸ばし、荷物車は常に不足気味で救援車に回せる余剰車が生まれにくかった。その中で、戦後の資材不足の中で応急用に製作された戦災復旧車は、状態が悪くて早い段階で廃車候補に回ったため、初期の救援車はこれらの車輌を原資にした70系車輌が幅を利かせる。

　またハニ、ハユニといった合造車はローカル線の合理化、気動車化などで余剰が出やすく、先行して種車に活用されている。

　救援車の種車は当初は戦前製の車輌だったが、徐々に戦後製客車が使われるようになる。オハ35系客車

■表1－3　鋼製救援車種車別輌数表

	ハ・ハフ	ハユニ	ハニ	ユ	ユニ	ニ	その他	合計
スエ30	1		6	5	13	35	2	62
スエ31	19	5	3	9		50	2	88
スエ32					2	2		4
オエ36			3					3
スエ38						8		8
オエ61	1	9	6		1	82	1	100
オエ61 300・600						22		22
オエ70					1	62		63
スエ71		13		12	12	65	1	103
マニ78					11	4		15
合計	21	27	18	26	40	330	6	468

までが多いが、少ないながら戦後の代表形式であるスハ43系も加わり、特急に使用されたスハニ35が荷物車経由で改造され、重厚なTR47をはいた救援車として異彩を放っていた。さすがに軽量客車から改造されたものはない。

■1－3　機関区、客貨車区中心に配置

　表1－4は救援車の車輌区別の配置状況を1982（昭和57）年時点でまとめたものである。当然ながら機関区と客貨車区が中心で、配置輌数もほぼ拮抗している。動力の近代化に伴い、客車区が気動車区に衣替えすることもあり、ここにも救援車は引き継がれた。電車区の場合は電車の救援車が主要基地に置かれるが、宇部電車区だけはスエ31が配置され、電車が留置された狭い区内に同居していた。工場はこの時点では4輌と少ないが、以前は釧路、苗穂、長野、吹田工場な

唯一電車区に配置された客車の救援車であったスエ31 76。
1977.4.29　宇部電車区　P：豊永泰太郎

2つの車輌区に属する救援車の標記。新鉄局所属のスエ31 184。
1972.12.10　新津　P：堀井純一

■表1－4　管理局・車輌区別の配置輌数表（1982年時点）

	釧路	旭川	札幌	青函	盛岡	秋田	仙台	新潟	高崎	水戸	千葉	東京北	東京南	東京西	長野	静岡	名古屋	金沢	大阪	天王寺	福知山	米子	岡山	広島	四国	門司	大分	熊本	鹿児島	合計
運転所(区)	1			1	2	2	3	2	1		1				3	3		2	2	4		1	1	4		3			1	39
機関区		2	1	2	6	2	7	4	6	3	4	6	5	3		2	5	3	8	1		4	5	7		8	1	1	4	100
客貨車区	2		5	2	4	3	4	3	3	3	6	5	4	2	3	2	3	7	4	2	3	5	3	5	2	8	1	1	3	112
電車区・気動車区																			1			1 (宇部)			3	1				6
工場					1 (盛岡)			1 (郡山)											1 (松任)						1 (多度津)					4

参考文献：『国鉄客車編成表』1982年版（ジェー・アール・アール刊）　1輌の救援車が複数の区所の所属になっている例もあり、個別の合計値と全体の輌数は一致しない。

国鉄末期には大量の救援車が廃車となり留置される。手前はオエ61 60。　　　　　　　　1989.9.5　北上操　P：藤田吾郎

どにも置かれていて、大きな事故になると工場からも応援部隊が駆けつけた。

　救援車は全ての車輌区に置かれたわけではなく、本線の比較的大きな基地に適度の間隔で配置されている。国鉄の車輌基地は数え方にもよるが、1970年代は本区、支区を含めて400区所くらい存在した。数からいえば、7割程度の現場機関に行き渡るようだが、実際には大きな基地では複数の救援車を抱えるところもあって、半分くらいは救援車がない区所だった。

　救援車をどこにどの程度配置するかは、輸送の状況を把握している現地の鉄道管理局が案を作る。事故の場合の出動の際は、機関車にけん引されて現場に赴くので、機関区以外の基地の場合は、近くに機関車が常駐しているところでないと、救援車を置いてもいざという時に活躍できない。

　事故にあった車輌の種類によって必要となる器材には差があるため、機関車用と客車・貨車区用では救援車を別々に配置することが多かった。大きな駅に下りると、隣接する機関区と客貨車区に1輌ずつ、合計2輌の救援車を撮影できることができた。広島地区のように、運転所、機関区、貨車区に合計5輌が配置され、さらに近接する瀬野機関区にも1輌が置かれている救援車の一大基地もあった。一方で合理化が進むと、複数の車輌区に1輌の救援車を配置するような例も見られるようになる。

■1−4　非常時に活躍する人と車

　救援車の出番は事故が起きた時だ。土砂崩れで列車が横転したり、まれではあるが衝突事故も起こる。1960年代に多かったのが踏切事故で、無理な横断をするダンプカーに乗り上げて、車輌が大破するような事故もしばしば発生していた。

　このため各地の車輌基地では、定期的に脱線事故の復旧訓練を行っていた。事故現場は地形、速度、原因等で状況は千差万別だが、現場にはそれなりのノウハウが蓄積され、復旧作業の格言なども生まれる。「押してダメなら引いてみろ」は男女の恋愛関係で使われる言葉だが、実は脱線車輌復旧の基本動作なのだそうだ。

　「復旧作業のプロ」と呼ばれるような人も生まれる。日ごろは温厚で目立たない人が、いざ事故現場に立つと人が変わったように、大声で手際よく作業の手順を指示する。そのような時に、大量の器材と人員を一気に現場に送り込める救援車は、力強い武器である。国鉄末期の合理化のなかで、本社は地方機関に救援車を廃止してトラックや貨車、コンテナに置き換えるよう要請するが、なかなか進まない。救援車が果たしてきた役割の大きさを物語っているようだ。

※1　戦災復旧車＝第2次大戦中の空襲で焼失した車輌の台枠や鋼板、台車を再利用して製作した客車で70代の形式番号が与えられた。当初は3等客車として登場したが、設備が劣悪だったため、混乱期が過ぎると大半が荷物車に改造されていた。

※2　鋼体化改造車＝安全性に問題がある木造客車を鋼製車に置き替えるため、木造車の台枠と台車を再利用し、車体を新製して生まれたグループ。1949(昭和24)年度から始まり、55(同30)年度に完了、国鉄の営業車から木造車は姿を消す。60代の形式番号を付けた。

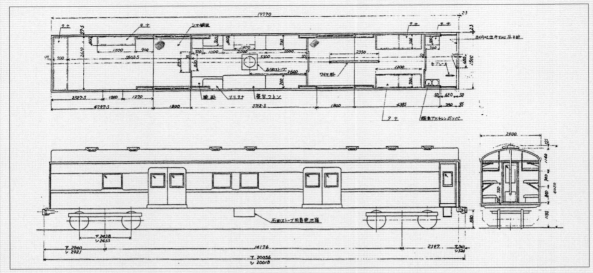

救援車で唯一、公式の形式図画が作られたオエ61（VC3893）。平面図には中央部に「石油ストーブ」があり、腰掛、寝台フトン、タナ、ワイヤ掛けなどの細かい記載がある。側面図の形態は広窓、前位側出入台埋め、後位窓埋めと特徴的だが、これと一致するオエ61は見つからない。窓配置はオエ61 62がほぼ同一だが、狭窓である。同車の写真は48頁に掲載。

column 形式図はあったのか

　国鉄の車輌は形式ごとに、正式の形式図が作成される。時には1つの形式で複数の図面が作られる時もある。これらの図面は本社内の組織である車両設計事務所が管理し、必要に応じて修正される。客車の世界では、図面番号から「VC図面」と呼ばれたりする。

　ところで救援車にはこうした公式図面がない。わずかにオエ61で1枚だけ、VC3893という図面が作られただけである。なぜかといえば、これから本書で紹介するように、あまりに救援車が多種多様で、それぞれに図面を作っていては間に合わないからだろう。

　この公式図面はオハニ61などからマニ60に改造されたグループ（図面はVC3589）を種車に想定している。マニ時代と比べると後位側の窓が埋められているのが目に付く。ところで図面の脚注には「昭和30年製造、昭和51年新津改造」と記されている。昭和51（1976）年に新津工場で改造されたオエ61は62と63の2輌しかない。このうち62は中央部の窓が狭いタイプで図と異なる。63は中央部が広窓なのだが、後位の窓が埋められていない。何より両車輌とも鋼体化改造は1955（昭和30）年以前である。つまり形式図と現車でいろいろつじつまが合わない公式図面となっている。

　公式図面が作られなかった背景に、もう1つ考えられる理由がある。救援車はほとんどの場合、本社の計画ではなく、全国に9つ置かれた支社（後に総局、首都圏本部などと名称が変わる）単位で立案、改造されている。したがって、改造の具体案も公式図面を作る設計事務所を通らずに実行されているから、図面の作りようがなかった面もある。

　けれども改造にあたっては、扉を新設したり、窓を移設するといった工事が行われているのだから、使用する現場区の希望を入れて工場に指示をする図面がなくてはいけないはずだ。

　客車ファンの大先輩で長く国鉄工作局に勤務された鈴木靖人氏が保存されていた資料のなかに、こうした救援車図面が約20枚残されていた。作成は支社の車輌管理担当部門や工場で、単なる見取り図のような簡単なスケッチから、VC図面をもとに書き直したと思われるきれいなものもある。

　荷物車などからの改造の場合は、側面は全く手を加えない例が多い。そうした場合は、図面は平面図だけで十分なわけで、側面図の付いていないものがある。一方で公式図面には書かれない細かい改造内容が付記されているものもあり、救援車改造の実態を示す好資料である。

　左の図は新津工場で書かれたスエ31 25の改造図で、窓と引戸の部分を図示したもので、このようなラフなスケッチのものもある。本書では、当該車輌の項目で適宜この図面を引用していきたい。

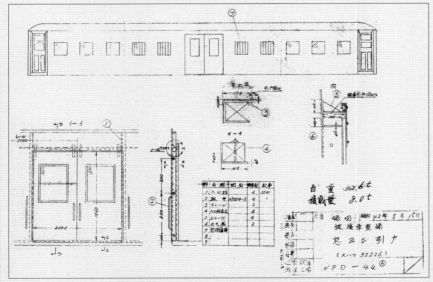

スエ31 25（スハフ32 226改）の改造側面図。扉の取り付け方を図示している。　　所蔵：鈴木靖人

2．振替車

　知らないうちに車輌が入れ替わっている状態をファンは「振替車」と呼んで、趣味的には大きな関心を集めた。車輌は新製時に1輌ずつ番号が付けられ、そのまま廃車になるものも多い。一方で、途中で他の用途に転用され、形式、番号が変更になったりする。そんな際に振り替えが起こりやすい。救援車は全てが改造車で、種車の旧番号と改造後の新番号の新旧番号対照表を作って改造するのだが、そんな際に原案と違う車輌が使われたりする。

　原因ははっきりしない。うっかりミスと思われるものがある一方で、意図的に振り替えた確信犯的なものもある。よくあったのが、老朽化してきた救援車をつぶして、それよりは状態の良い他の車輌と入れ替えるような例である。第一線で活躍する営業用車では通常起こりえないが、基地の外れに目立たないように置いてある救援車では、ハードルが低かったようだ。

　振り替えは非公式の行為だから、外部に公表されることはなく、多くの客車ファンが現車調査によって発掘した。その実態は、現在も全貌が分かっているわけではない。逆に、現車は30年以上前に姿を消しているのに、当時の写真や記録を精査することで新たな事実が判明することもある。表2-1は現時点で判明している振替車の一覧である。

　いったん決まった車輌の改造計画と違う車輌を使うことは、今風にいえばコンプライアンス違反だし、財産管理上も問題になる。国鉄は準官庁であるから、事実が明らかになれば、関係者に処分が出ることも考えられた。そのため救援車の振り替えを発見したファンは、魅力的な事象ではあるが、趣味誌への投稿を差し控えた。唯一、鉄道友の会客車気動車研究会の会報『食堂車』は会員限りの媒体であったため、振り替えのデータはここに投稿され、記録として残っている。

　『食堂車』は1972（昭和47）年以来、毎月発行されており、この一覧表はほぼ全てがここから拾い出したものである。

　この表をよくみていただくと、気が付くことがある。東日本の車輌は1輌もなく、金沢局の2輌が中部地区ではあるが、ほぼ全車が西日本に所属する救援車である。振り替えは工場と現場の車輌区がからんでいるだろうが、ここまではっきり差が付くと、何がしかの要因があったことは確実だ。路面電車の廃止問題では、東日本の自治体は国の政策を積極的に取り入れたが、西日本はそれほどでもなかったといわれる。国鉄の組織運営のなかにも、似たような地域差があったのだろう[※1]。

■

　振り替えの手法を分類するとおおむね次の3パターンが見られる。

■2-1　2代目型

　いったん改造されて配置されるが、その後に別の車輌と置き換えられるもので、同じ車輌番号で初代、2代と2つの形態がある。振り替えられるのは廃車になって車籍がなくなった車輌である。全検のために工場に入場したところ救援車の老朽化がひどく、廃車処分のために工場に回送されてきた車輌の方が状態がいいと、現場の判断で振り替えた例が多いようだ。

　同じ形式の救援車間で車体を振り替える手法が3例ある。全検を受けるべき車輌をつぶして、廃車になった救援車の番号を書き換えたのだろう。既に救援車になっているのだから、手直しは必要ない。状態の良い方の救援車を転属させて、振り替えられる方を廃車にすれば簡単だったと思うが、疑問は解消しない。

■2-2　成りすまし型

　改造される時点で、別の車輌が使われ、最初から公式記録と違う種車となっている。この背景は1輌ごと

■表2-1　振替車一覧

救援車番号	配置	種車番号	改造工場	改造日	振替内容	
スエ30 44	高松	スニ30 29	多度津	630413	2代目型	1967年に廃車となったスエ30 52と車体を振り替え
スエ30 48	小郡	スニ30 73	幡生	640220	2代目型	1976年に全検入場した際、廃車予定のマニ36 303と車体を振り替え
スエ31 17	吉松	スハフ32 12	鹿児島	670331	成りすまし型	改造の際、廃車のスニ75 4と車体を振り替え
スエ31 32	都城	スハフ32 104	鹿児島	680212	取り違え型	スハフ32 324が種車
スエ31 34	直方	スハフ32 324	小倉	670409	取り違え型	種車は不明
スエ31 64	梅田	マニ32 11	高砂	691121	取り違え型	種車はマニ32 74に振り替え
スエ31 65	姫路	マニ32 74	高砂	691105	取り違え型	種車はマニ32 11に振り替え
オエ61 87	徳山	マニ60 522	幡生	8002XX	取り違え型	
オエ61 88	下関	マニ60 521	幡生	8001XX	取り違え型	旧番号がマニ60 522と判読
オエ61 98	広島	マニ60 144	幡生	800804	成りすまし型	マニ60 145履歴票にもオエ61改造の記載
オエ61 307	南延岡	マニ36 49	小倉	8005XX	成りすまし型	スエ31 47から振り替え
オエ70 27	富山	スニ75 26	松任	630227	不　明	種車と形態が違い、振り替えの可能性。詳細は下巻9章で
オエ70 38	三次	スニ73 21	幡生	640206	2代目型	1978.10.24で廃車となったマニ60 77と振り替え
オエ70 52	高松	スニ75 101	多度津	650327	2代目型	1969年度廃車のオエ70 62と車体振り替え
スエ71 68	高岡	マニ76 10	松任	641114	2代目型	1976年度廃車のスエ71 67と車体振り替え

2代目型の一例。スニ30 29を種車とするスエ30 44 初代。　1964.3.22　高松機関区
P：豊永泰太郎

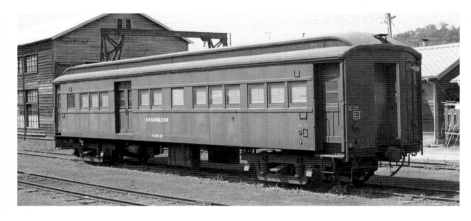

スエ30 44・2代。スエ30 52を振り替えた。
1976.3.22　宇和島機関区
P：片山康毅

スエ30 48 初代。スニ30 73を種車とするもので、車体は17m、二重屋根。
1974.2.26　小郡機関区
P：和田　洋

スエ30 48・2代。廃車となったマニ36 303の振り替えで、車体は20mに「成長」している。
1978.9.11　小郡機関区
P：和田　洋

▶スニ73 21を種車とするオエ70 38 初代。戦災復旧車であり車体の凹凸が目立つ。
1964.9.8　三次
P：豊永泰太郎

▼オエ70 38・2代。マニ60 77の振り替えで、こちらも車体が20mに「成長」している。
1983.10.22　三次
P：伊藤威信

に違うようで、2代目型のように改造の時点で既に種車の状態が悪かったと思われる例もあるが、理由が判然としない車輌もある。

■2−3 取り違え型

同時期に複数車輌の改造が並行していた場合に、公式記録と違う車輌同士が種車となる。この場合は振り替えが複数輌になる。このケースは救援車だけでなく、まとまった輌数の改造が行われた寝台車改造などでも発生している※2。原因は工場での管理ミスと思われる。改造している車輌の原番号や改造後の番号は工事中の車体に記載があるはずだが、塗装している過程では一時的に番号が消える場面もあり、取り違えが発生する可能性がある。

以下、振替車を個別に点検してみよう。

■2−1−1　スエ30 44

1963(昭和38)年度に多度津工場でスニ30 29を改造して生まれる。高松地区に配置され、1969(昭和44)年に宇和島に転属するが、この時点で車体が替わっていた。外見から見て、1967(昭和42)年に廃車になったスエ30 52(オハニ30 5を改造)と振り替わったと考えられている。理由は恐らく29の方の老朽化であろう。

■2−1−2　スエ30 48

1963(昭和38)年度に幡生工場でスニ30 73を改造した。当然車長は17m、二重屋根であるが、後年の姿は20m、切妻スタイルで、「成長した救援車」としてファンの間で有名であった。

この車輌には珍しく文書の記録が残っている。小野田滋氏の調査では、同車の車歴票には、「昭和51年4月、全検入場の際、各部にわたり老朽しているため、廃車予定マニ36形式と車換し、形式番号はそのままとした」と記載されている。

事実はその通りなのだろうが、いささか疑問も残る。振り替えられたマニ36 303はスロ60 2の改造で、戦後製である。マニ36はこの時点では荷物車の主力形式で、事故廃車となった1輌を除けば、全く廃車が出ていない。廃車が本格化するのは1980年代になってからで、特に戦後製のマニが1輌だけ先行して廃車になった点は解せないものがある。何か表に出せない理由で廃車にせざるを得ず、ただ車体はしっかりしているので救援車に振り替えたといった事情があったのではないかと類推するが、確証はない。

■2−1−3　オエ70 38

三次地区に配置された救援車で、形式から分かる通り17mの戦災復旧車である。1963(昭和38)年度に幡生工場でスニ73 21から改造されたが、これもスエ30 48と同様に「成長した救援車」になった。外見からマニ60の振り替えと判断できる。こちらもファンによる現車調査、透かし読みで、旧番号がマニ60 77と判明した。同車は1978(昭和53)年10月24日に廃車になっており、それ以降に振り替えられたのだろう。

■2−1−4　オエ70 52

1964(昭和39)年度に多度津工場でスニ75 101を改造した。こちらは1969(昭和44)年度に廃車になったオ

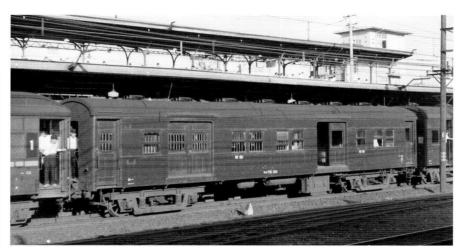

▶ オエ70 52 初代の種車となったスニ75 101。
赤羽　P：鈴木靖人

▼ オエ70 52・2代。オエ70 62の振り替え。
1976.3.20　多度津
P：藤井　曄

エ70 62（オユニ70 5改造）と振り替わっている。この車輛は多度津工場救援車だったので、工場内で振り替えるのはいとも簡単だっただろう。

■2-1-5　スエ71 68

1964（昭和39）年度に松任工場でマニ76 10を改造した。高岡地区に配置されていたが、1976（昭和51）年度に廃車になった金沢運転所の救援車スエ71 67（マニ74 75を改造）と車体を振り替えた。

ここに掲載した2代目の写真は筆者が1977（昭和52）年に撮影したが、恥ずかしながらその時点で車体の振り替えに気が付かなかった。この写真をその後、ネット上に開設されていた「国鉄事業用車博物館」に投稿したところ、運営者の横山淳氏より振り替えを指摘されて気がついた。2004（平成16）年のことで、30年近くたって判明したことになる。

改めて当時の現車調査メモを引き出してみると、妻面の銘板は「昭和22年帝国車輛工業、昭和27年多度津工場改造」となっている。この車歴は初代の68のもので、金沢にいた67とは違う。つまり2代目と振り替える際に、初代の車体についていた銘板をはがして、

2代目車体に移し替えたことが考えられる。車輛の振り替えはたいていの場合、現車の銘板を点検すれば判明するが、移し替えられては証拠がなくなってしまう。何とも手の込んだことをしたものだが、それだけ振り替えの事実を隠そうとする意図が働いたともいえそうだ。

■2-2-1　スエ31 17

成りすまし型の著名な例が、スハフ32 12である。公式記録では1966（昭和41）年度に鹿児島工場で改造

マニ76 10を種車とするスエ71 68 初代。
1975.5.25　高岡　P：永島文良

初代と同じ場所に留置されるスエ71 68・2代。スエ71 67の振り替え。
1977.8.29　高岡　P：和田　洋

された。当然、20mで二重屋根のはずだが、現車は17m。しかも外観から戦災復旧車であることは間違いない。

この車輌は筆者自身が1974(昭和49)年に現車が配置されていた鹿児島・吉松機関区を訪れ確認した。透かし読みで妻板に「スニ75」とあり、「昭和22年川崎車輛」の製造銘板から、該当車は4輌に絞られた。そのうち九州に配置されていたのはスニ75 4だけで、こちらは改造とほぼ同時期の1966(昭和41)年7月に廃車になっている。何より17m車でTR23をはいているのは珍しく、スニ時代の写真から同車がTR23付きだったことが確認できて、振り替え相手が確定した。恐らく廃車で入場した鹿児島工場で、救援車の種車に仕立て上げられたのだろう。

しかしこの振り替えにも疑問がある。通常、こうしたケースは種車の状態が悪くて廃車を復活させる。計画のスハフ32は戦前製で、スニ75は戦後製ではあるが、写真からも分かる通り戦災復旧車特有の歪んだ側面など、決して状態がいいとはいえない。

これも類推である。スハフからの救援車改造は扉設置、座席の撤去など大工事になる。スニからなら、ほとんど手を加える必要がない。事実、外観を見る限りスニ時代のままである。この時期の工場は客車の冷房改造等で繁忙を極めていて、鹿児島工場には業務量を減らしたい事情があったのではないか。そんな想像をさせる振替車である。

■2-2-2 オエ61 98

1980(昭和55)年度に幡生工場でマニ60 144から改造された。ところが藤田吾郎氏の調査で、配置された広島運転所にはマニ60 144と145の2輌の履歴票が存在し、どちらもオエ61 98に改造された記載になっていた。

実はオエ61 98はいったん、オエ61 105として出場、その後に番号を98に書き換えたことが分かっている(詳細はオエ61の項目で解説)。この2枚の履歴票を見ると、マニ60 144には105番の記載がなく、145にはいったん105になり、その後に98になったことが明記されている。この2輌は鋼体化改造の時期、メーカーが違い、その銘板があれば判別できるのだが、現車はその後のマニ改造以降しか付いていないようで、この2枚の履歴票の謎はまだ未解決である。

■2-2-3 オエ61 307

1980(昭和55)年5月に小倉工場でマニ36 49から改造、鹿児島地区に配置された。こちらは井原実氏が

▶成りすまし型の一例。スハフ32 12を種車とするはずが17m戦災復旧車を種車に出場したスエ31 17。
　　1974.2.22　吉松機関区
　　　　　　　P：和田　洋

▼(左)スエ31 17の実際の種車となったスニ75 4。
　　　　　　　P：鈴木靖人

▼(右)マニ36 49から改造のはずが実際にはスエ31 47を振り替えたオエ61 307。
　　1983.3.21　南延岡
　　　　　　　P：井原　実

1983(昭和58)年に現車調査したところ、「スエ31 47」の番号が読み取れた。銘板類からみても、スエの振り替えとみて間違いないようだ。スエ31 47はスハフ32 213の改造で、実はスエ31時代の画像は見つかっておらず、オエ振り替え後の写真で確認ができた。

ところが振り替えだとすると、時期が微妙にずれている。スエの廃車は1981(昭和56)年2月で、こちらの方が遅い。オエに記載されている全検標記は「56-2 小倉工」とあったので、これなら廃車のスエと車体振り替えができる。

ただ疑問なのは1980(昭和55)年5月に救援車改造した車輌を9ヶ月後にまた全検をするだろうかという点だ。そうなると改造時期がそもそも違っているか、あるいは救援車改造の際は全般検査まではせず、1981(昭和56)年2月に検査入場した際に車体を振り替えたかのどちらかではないだろうか。

■2-3-1　スエ31 32・34

スエ31 32は1967(昭和42)年度にスハフ32 104から改造されたことになっている。しかし現車からはスハフ32 324の番号が透かし読みできた。この324は公式記録ではスエ31 34に改造されたとされる。となれば、スエ31 34がスハフ32 104を種車としていれば、典型的な取り違えになるのだが、そう簡単ではない。

取り違えは通常、同じ工場で同時期に改造している車輌どうしで発生する。ところがスエ31 32は鹿児島工場で救援車改造しているのに対して、34は小倉工場改造である。異なる工場間で取り違えるのは常識的には考えにくい。

また32の種車とされるスハフ32 104は1932(昭和7)年に新潟鉄工所で製造されているが、比較的時期が古いために台わくがそれ以降のスハフ32と異なり、外観である程度見分けが付く。ところが写真を点検すると32はもちろん、怪しいとされる34も別の台わくだと確認できた。

つまりスエ31 32は公式記録とは違い、スハフ32 324から改造されているのは確かだが、本来の種車とされるスハフ32 104がどうなったかが分からない。またスエ31 34の種車も不明というのが現時点での状況である。

■2-3-2　スエ31 64・65

この2輌はともに1969(昭和44)年度に高砂工場で改造される。64の種車のマニ32 11は1929(昭和14)年製で当時流行した張り上げ屋根スタイル。65の種車のマニ32 74は1938(昭和13)年製のマニ31を改造した標準的な丸屋根である。

ところが現車を見ると64が丸屋根、65が張り上げ屋根で逆である。銘板等のデータもそれを裏付けており、前項のスエ31のような謎もなく、64と65が種車が入れ替わっている典型的な取り違えのパターンといえる。

■2-3-3　オエ61 87・88

この2輌は1979(昭和54)年度に幡生工場で改造された。88の種車はマニ60 521とされているのだが、透かし読みでマニ60 522と判明、銘板類もこれを裏付けた。マニ60 522はオエ61 87の種車となっているので、この両車で種車が入れ替わったのだろう。

※1　企業運営では、本社から距離的に離れるほど子会社が独自色を発揮するといわれる。国鉄の例では、鹿児島地区の運営でそういう傾向が見られたという。鹿児島管理局や鹿児島工場(後に車両管理所)では、客車の窓などで独特のスタイルの小改造をした車輌が見られたし、九州地区を統括する当時の国鉄西部支社でも、鹿児島局管内はどうも様子が分からないという感覚があったという。

※2　1960年代にナハネ10→ナハネフ10→オハネフ12という改造が行われた。ナハネフ改造の際には、改造順に1から付番したのだが、冷房化してオハネフに改造する際に、わざわざナハネフ時代の一番最初の番号に戻す改番をする。新旧番号の間には法則性がないため、工場の現場でかなり混乱し、複数の番号取り違え車が発生して客車ファンの関心を呼ぶことになった。

取り違え型の一例であるスエ31 64。本来の種車はマニ32 11であるはずが、実際にはスエ31 65になるはずのマニ32 74が種車となってしまった。　　　　1980.5.21　梅田貨車区　P：井原 実

スエ31 64と入れ替わってしまったスエ31 65。種車がマニ32 11となったため、張り上げ屋根となった。
　　　　　　　　　1980.9.21　加古川気動車区　P：井原 実

3. スエ30

昭和初期の最初の鋼製客車であるオハ31系客車を種車とするグループで、特徴は車長が17m、釣り合い梁式のTR11系台車を使用、二重屋根でリベットを使

う重厚な外見である。

1960(昭和35)年度から66(同41)年度にかけて61輛が改造で生まれたが、トップナンバーの30 1だけは戦後すぐに改造された車長20mの異端車で、オヤ9920という変則的な番号を名乗っていた(詳細は後述)。

1953(昭和28)年度に車輌の大がかりな形式整理、改番(「車両称号規程」の改正)の際に、それまで職用車「ヤ」にまとめられていた救援車に「エ」という形式符号が与えられ、それに伴ってスエ30という形式が誕生、オヤから改番された。

しばらく1形式1輛だったが、オハ31系客車を使った改造が始まるにつれて、スエ30 2から順に同じ形式で増備されていく。本来、車長が違えば形式は分けるのが基本で、後から登場した17m車はスエ31にしておかしくなかったが、この時点ではまだ20m級の救援車改造は始まっていない。事業用車でわざわざ形式を増やさなくても、同じ形式に含めてしまおうとなったのだろう。

しかし20m車からの改造は翌61(同36)年度には始まり、ここでは形式問題にけりを付ける意味で、スエ31として新形式を誕生させる。

本書では形式単位で全体を解説、次に種車別に小分類し、それぞれに外観の変化、特徴などを個別に解説していく。

■3-1 スエ30 1 (オハ34 45を改造)

1948(昭和23)年度に木造の救援車を改造する際に種車の状態が悪くそのまま使用できなかった。たまたま事故で廃車になったオハ34を使って救援車に仕立てた。当該のオハ34 45は戦前に3等寝台車スハネ31として活躍していたが、戦時中に

■表3-1　スエ30車歴表

改造前形式・番号の※印は振替あり。第2章参照

番号	改造前 形式・番号	配置	改造 年度	工場	年月日	当初配置	廃車 年度	年月日	最終配置	写真掲載ページ
1	オヤ9920	長野	53	改番	530601	長野	68	681003	長野	16
2	スエ3021	(関西)	60	高砂	600405	宮原	86	870207	宮原	
3	スエ3027	(関西)	60	高砂	600408	向日町	67	670901	向日町	19
4	スニ3010	北海道	60	旭川	601127	函館	69	700328	函館	
5	スユ305	(西部)	60	鹿児島	6102xx	鹿児島	79	790814	鹿児島	
6	スユ3014	熊本	60	鹿児島	6102xx	熊本	76	760703	熊本	
7	スユ3026	(西部)	60	小倉	610306	鳥栖	78	780415	鳥栖	
8	スユ3095	名古屋	60	名古屋	610331	美濃太田	86	870207	稲沢	
9	スユ308	品川	60	大船	610308	品川	86	870210	品川	4・20
10	スエ3049	尾久	60	大船	610331	茅ヶ崎	67	671109	茅ヶ崎	
11	スエ3050	尾久	60	大宮	610331	新鶴見	67	671109	新鶴見	
12	スユ3011	尾久	60	大宮	610331	大宮	67	671109	大宮	
13	スユ3044	平	60	大宮	610331	平	67	670928	平	
14	スニ3017	(関西)	60	高砂	610331	吹田	73	731108	吹田	
15	スニ3018	(関西)	60	高砂	610331	姫路	86	870207	姫路	
16	スニ30100	下関	61	幡生	620209	広島	80	800826	広島	
17	スニ3056	下関	61	幡生	620315	広島	85	850629	広島	21
18	スニ3080	下関	61	幡生	620331	徳山	71	710721	徳山	
19	スニ3082	小郡	61	幡生	620323	小郡	73	740220	小郡	
20	スニ301	釧路	61	旭川	620117	釧路	82	830118	釧路	
21	スニ3012	(札)	61	五稜郭	620217	倶知安	81	810825	札幌	19
22	スニ304	釧路	61	旭川	620215	新得	72	721219	新得	
23	スニ3011	(旭)	61	旭川	620228	旭川	80	800910	旭川	
24	スニ303	名寄	61	旭川	611227	北見	77	780310	北見	
25	スニ302	函館	61	五稜郭	620112	五稜郭	74	740906	函館	
26	スニ3052	名古屋	61	長野	620327	長野	85	851121	長野	
27	スニ3094	名古屋	61	長野	620324	塩尻	68	681003	長野	
28	スニ3061	青森	61	盛岡	620329	仙台	68	681031	仙台	
29	スニ30109	青森	61	盛岡	620331	一ノ関	86	870203	北上	21
30	スニ3051	大分	62	小倉	620816	大分	68	680827	大分	
31	スニ3066	大分	62	小倉	630331	南延岡	68	690315	南延岡	
32	スニ3057	鹿児島	62	鹿児島	620630	鹿児島	77	771226	八代	
33	スニ3065	都城	62	鹿児島	620625	都城	68	680605	都城	
34	スニ3071	品川	62	大宮	630114	成田	68	690213	成田	
35	スニ3090	品川	62	大宮	620813	水戸	68	681024	水戸	
36	スニ3019	尾久	62	大宮	621110	新小岩	80	810206	新小岩	
37	スニ3088	品川	62	大宮	620725	宇都宮	68	680815	宇都宮	
38	スニ3031	下関	62	幡生	630119	下関	85	851105	下関	
39	スニ3079	下関	62	幡生	630228	広島	80	800826	広島	
40	オハニ3048	熊本	62	五稜郭	630220	室蘭	80	800925	苫小牧	
41	オハニ3049	(熊)	62	五稜郭	630330	苗穂	85	860305	札幌	
42	スニ3044	若松	62	小倉	630228	門司	68	690331	門司	
43	スニ30105	門司港	62	小倉	630331	行橋	75	750718	行橋	
44	スニ3029※	高松	63	多度津	630413	高松	76	760804	宇和島	10
45	スニ3058	小松島	63	多度津	630415	小松島	66	660611	小松島	
46	スユ3021	尾久	63	大宮	631228	小山	69	691002	小山	19
47	スニ3066	鹿児島	63	鹿児島	630930	鹿児島	72	720819	鹿児島	
48	スニ3073※	下関	63	幡生	640220	小郡	85	850822	小郡	10
49	オハニ3029	(四)	63	五稜郭	640206	小樽築港	78	780916	小樽築港	17
50	スニ3041	品川	63	大船	631128	八王子	76	760528	八王子	
51	スニ3064	品川	63	大船	640313	新小岩	74	750317	佐倉	
52	オハニ305	小松島	63	多度津	640313	高知	67	670322	小松島	10
53	オハニ3015	(四)	63	多度津	640326	高松	76	761018	高松	
54	オハニ3019	宇和島	63	多度津	640213	宇和島	69	690618	宇和島	
55	スニ30107	若松	63	小倉	640319	香椎	76	761018	香椎	
56	オハ31198	函館	63	五稜郭	640327	長万部	75	751205	長万部	16
57	スニ3036	下関	64	幡生	640829	広島	76	761110	広島	
58	スニ3076	下関	64	幡生	641209	下関	79	791130	徳山	
59	スユ307	郡山	65	土崎	660331	東能代	84	840929	秋田	
60	スユ3020	郡山	65	盛岡	?	郡山	86	870201	福島	
61	スユ3019	成田	66	大宮	660930	錦糸町	75	750605	佐倉	
62	オル3141	宮古	66	盛岡	660820	宮古	82	821120	釜石	17

▶スエ30 1（オハ34 45改）
事故廃車のオハ34を復旧、中央に扉を設けた。車輛称号の「エ」が制定される以前はオヤ9920を名乗った。
1965.8.28 長野工場
P：吉野 仁

▼スエ30 56（オハ31 198改）
前位側に扉を設置した。
1975.9.13
五稜郭車両センター
P：和田 洋

3等座席車へ改造されていたものだ。
　種車のままでは救援車として用をなさないので、当然ながら座席を全て撤去、中央部に大きな荷物用扉を設けた。

【車歴】(1933)スハネ30 127→(1941)スハネ31 28→(1942)オハ34 45→(1947)廃車・(1947)オヤ9920に復活→(1953)スエ30 1→(1968)廃車

■3－2　オハ31からの改造

　2輛が存在する。スエ30 56はオハ31からの改造だが、62はいったん配給車オル31に改造されたものを再改造した。56は当然、扉を新設しているが、62は配給車改造の際に付いた扉に加えて2つ目を増設している。

■表3－2　オハ31改造車分類表

		オハ31	改造年度・工場	改造内容
56	長万部	198	63 五稜郭	窓を4個埋め、前位側に扉新設
62	宮古	オル31 41	66 盛岡	2個目の扉を増設。オハ31 228を改造したオル31から再改造

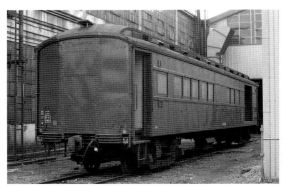

■3－3　オハニ30からの改造

　6輛が改造された。「ハニ」は荷物車部分の扉を生かし、客室の座席を撤去するとそのまま使用できるため、ほとんど外見に変更ない原型車が多い。このなかで54は廃車後にスエ30 44に成りすます振替車となった。全ての写真を紹介できないので、個別の改造内容を表にしてまとめた。「原形」は外観が種車のままの車輛であるが、室内は器材の積み込みのためにかなり改良されている。二重屋根の通風器は撤去される例があ

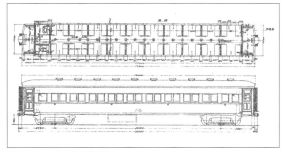

図3－1　オハ34形式図

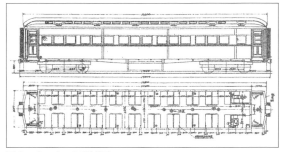

図3－2　オハ31形式図

▶ スエ30 62（オル31 41改）
オル改造時に新設した扉に加え、中央部にさらに増設した。　1973.8.12　宮古
P：千代村資夫

▼ スエ30 49（オハニ30 29改）
一部の通風器を撤去した姿。
1964.10.17　小樽築港
P：片山康毅

るが、たとえばスエ30 41は改造時は原形のままで、その後に一部が撤去されている。二重屋根救援車ではこうした例が多い。

図3－4（18頁）は8頁で紹介した鈴木靖人氏所蔵の形式図の中にあるオハニ30改造のスエ30 52の平面図である。作成は「四国支社車両管理室」で、側面には手を入れていないから、平面図だけでよかったのだろう。施行要領として12項目の記載があり、「車掌室（図面の右側）内の4位側テーブル、腰掛を撤去、新たに2人用腰掛を取り付ける」、「荷物室と車掌室との仕切りはそのまま、客室との仕切りは撤去」などと細かい記載がある。

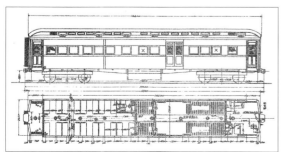

図3－3　オハニ30形式図

■表3－3　オハニ30改造車分類表

		オハニ30	改造年度・工場	改造内容（Vは通風器の略、以下同じ）
40	室蘭	48	62　五稜郭	V撤去
41	苗穂	49	62　五稜郭	原形→V一部撤去
49	小樽築港	29	63　五稜郭	窓一部埋め
52	高知	5	63　多度津	原形
53	高松	15	63　多度津	原形
54	宇和島	19	63　多度津	原形→スエ3044へ振り替え

17

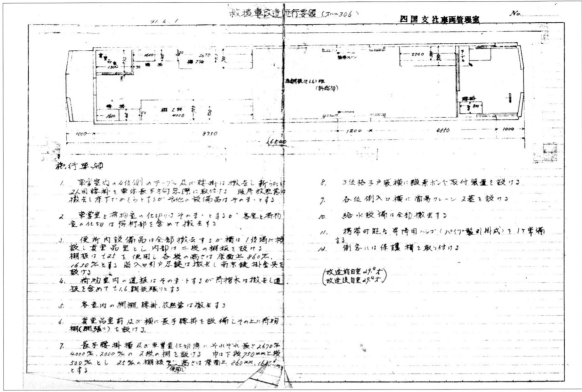

図3-4 スエ30 52(オハニ30 5改)の改造平面図。前位側に棚、腰掛と1位側に貴重品室を設けた。どんな貴重品を保管したのだろうか。図面には「オハニ30 6」と記載されているが、同車は66年度に廃車になっている。
所蔵：鈴木靖人

■3-4 スユ30からの改造

郵便車も救援車向けの構造をしているため、大きな改造をせずに使用した例が多い。スユ30の荷物室扉は大きく下半分が一体化した特長ある形態だが、救援車化の過程で通常の扉に取り替えられている車輌がほとんどで、スユ改造車のうち3だけは当初の扉を継続使用している。ここでも改造時は原形で、その後に通風器を全て撤去した例がみえる。分類表の「写真欠」は画像が見つかっていないもので、写真をお持ちであれば、ぜひご教示いただきたい。

■3-5 スユニ30からの改造

スユニはユとニの部分に荷物扉があるので、救援車向きである。スユニ30にはスユから改造された20番代が存在し、救援車改造された13輌のうちの1輌(46)がスユニ改造車である。窓配置が0代とは異なり区別できる。

■表3-4 スユ30改造車分類表

	スユ30	改造年度・工場		改造内容
2	宮原	21	60	高砂	原形→Vほぼ全部撤去
3	向日町	27	60	高砂	原形→V全部撤去。扉原形
5	鹿児島	5	60	鹿児島	V全部撤去
6	熊本	14	60	鹿児島	写真欠
7	鳥栖	26	60	小倉	V一部撤去→全撤去

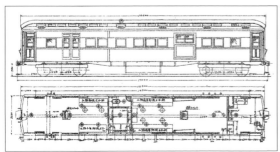

図3-5 スユ30形式図

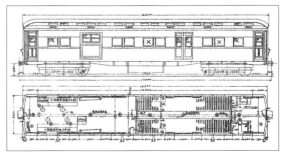

図3-6 スユニ30 0代形式図

▲スエ30 3（スユ30 27改）
原形の1800mm扉が残っている。　　　1963.11.21　向日町
　　　　　　　P：葛　英一

◀スエ30 46（スユニ30 21改）
スユニ30・0代からの改造。
全ての側窓に保護棒を設置。
二重屋根だが後位屋根上に煙突通風器を付けた。
1964.2.7　小山　P：菅野浩和

▼スエ30 21（スユニ30 12改）
スユを改造したスユニ30・20代からの改造。
　　　　　1965.5.2　倶知安
　　　　　　　P：千代村資夫

　鈴木氏所蔵の改造図（20頁図3－8）は18頁図3－4と同じく平面図のみで、記載事項として「撤去工事」は荷物室荷物棚、郵便室・区分棚、押印台など、「新設工事」は棚、吊棚、椅子などが記載されている。この図面で興味を引くのは「荷重」の明細を付けていることで、人員20名で1.1t、ボンベ1t、枕木0.8t、器材8tの計10.9tとしている。人間の重さの基準は時期によって50kgだったり60kgだったりしているが、ここでは55kgとして計算したようだ。

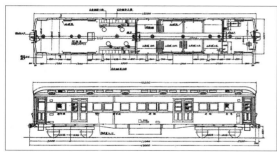

図3－7　スユニ30 20代形式図

■表3－5　スユニ30改造車分類表

		スユニ30	改造年度・工場	改造内容
4	函館	10	60　旭川	原形
14	吹田	17	60　高砂	原形
15	姫路	18	60　高砂	V全部撤去
20	釧路	1	61　旭川	原形→V全部撤去。煙突移設
21	倶知安	12	61　五稜郭	原形→V一部撤去。後位扉埋め
22	新得	4	61　旭川	原形
23	旭川	11	61　旭川	写真欠
24	旭川	3	61　旭川	原形
25	五稜郭	2	61　五稜郭	後位扉埋め
46	小山	21	63　大宮	スユ30 4を改造した20代車
59	東能代	7	65　土崎	V全部撤去。窓1埋め
60	郡山	20	65　盛岡	V全部撤去。窓1埋め
61	錦糸町	19	66　大宮	原形

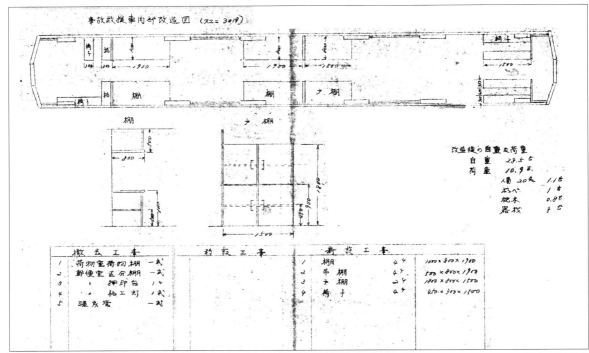

図3-8 スエ30 61(スユニ30 19改)の改造平面図。前位側に棚を設置、後位側は椅子を置いた。　　　所蔵：鈴木靖人

■3-6　スニ30からの改造

　救援車は復旧用器材を運ぶ車輛だから、モノを運ぶ荷物車は一番構造が適している。このためスエ30の種車としてもスニ30からの改造が一番輛数が多く、35輛が存在する。

　スエ30の特徴である二重屋根は凸凹が多いため、雨水が入り込んで傷みやすい。旅客用でない救援車にはそれほど必要ないとして、通風器を撤去して明かり窓を塞いだ車輛が多く見られる。これは20m車のスエ31でも、二重屋根車に見られた傾向である。

　スニ30改造車のなかで9は、改造時は通風器が原形のままだったが、途中で一部撤去され、さらに全部を撤去するという手の込んだ改良が加えられている。

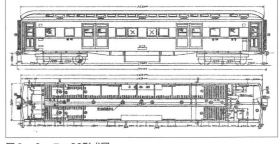

図3-9　スニ30形式図

スエ30 9(スニ30 8改)　スエ改造後に通風器を一部撤去した姿。改造時の写真は4頁に。　　1974.8.3　品川客車区　P：永島文良

左の写真から12年後のスエ30 9。さらに通風器を全部撤去している。　　1987.4.1　高崎機関区　P：藤田吾郎

■表3-6　スニ30改造車分類表

		スニ30	改造年度・工場		改造内容
8	美濃太田	95	60	名古屋	原形→V全部撤去
9	品川	8	60	大船	原形→V一部撤去→V全撤去
10	茅ヶ崎	49	60	大宮	原形
11	新鶴見	50	60	大宮	原形
12	大宮	11	60	大宮	原形
13	平	44	60	大宮	原形
16	広島	100	61	幡生	原形。煙突
17	広島	56	61	幡生	V少→V撤去。煙突
18	徳山	80	61	幡生	写真欠
19	小郡	82	61	幡生	V少。煙突
26	長野	52	61	長野	原形→V減
27	塩尻	94	61	長野	写真欠
28	仙台	61	61	盛岡	写真欠
29	一ノ関	109	61	盛岡	スユ3028をスニ改造。原形→V少
30	大分	51	62	小倉	V1減
31	南延岡	66	62	小倉	V少
32	鹿児島	57	62	鹿児島	V撤去
33	都城	65	62	鹿児島	V少

		スニ30	改造年度・工場		改造内容
34	成田	71	62	大宮	原形
35	水戸	90	62	大宮	原形
36	新小岩	19	62	大宮	窓2埋め、V1減
37	宇都宮	88	62	大宮	原形
38	下関	31	62	幡生	V全部撤去
39	広島	79	62	幡生	→V3→全部撤去
42	門司	104	62	小倉	V全部撤去
43	行橋	105	62	小倉	V全部撤去
44	高松	29	63	多度津	原形、窓1減。→スエ3054に振り替え
45	小松島	58	63	多度津	原形
47	鹿児島	106	63	鹿児島	V全部撤去
48	小郡	73	63	幡生	初代＝V減。2代＝マニ36
50	八王子	41	63	大船	原形。両妻面埋め
51	新小岩	64	63	大船	外側窓保護棒。扉窓埋め
55	香椎	107	63	小倉	V全部撤去
57	広島	32	64	幡生	窓1埋め
58	下関	76	64	幡生	V全部撤去、窓2埋め

▶スエ30 17（スニ30 56改）
通風器を全部撤去、煙突が屋根横から顔をみせる。
　　1978.9.12　広島機関区
　　　　P：和田　洋

▼スエ30 29（スニ30 109改）
スユ30を改造したスニが種車。窓配置が異なる。
　　　　P：鈴木靖人

21

4. スエ31

　車長20mのスハ32系、オハ35系客車を中心とした改造車で、救援車の代表的な形式である。当初は戦前製が中心だったが、徐々に戦後製客車も加えられる。さすがにスハ43系、軽量客車は種車となることはなかったが、特急用のスハニ35を改造したマニ35からは3輌が改造されている。1961(昭和36)年度から毎年度増備が続き、合計88輌が生まれたが、番号の付け方はやや変則的である。

　61年度はまず2輌が生まれ1、2と付くが、62年度(1輌のみ改造)改造車は101となる。そして63年度以降は3から番号が続いていき、101だけが飛び地の番号になった。その理由は判明していないが、筆者は次のように推定している。

　1961(昭和36)年度車2輌はマニ31からの改造だった。これに対して1962(昭和37)年度車はマニ32が種車で、この時点では種車の差で番号を区別するつもりだったのではないか。ところが63年度になると、多くの形式の車輌から改造されることがはっきりしてきて、種車ごとに枝番で区分けするのが煩雑になると考えられたのではなかろうか。

　さらに番号問題には続きがある。1970(昭和45)年度の改造車は79が出場した次は180に飛び、以下187まで増備が続く。この理由もはっきりしないが、恐らくこのままスエ31が増えていった場合に101にぶつかってしまうと考えて、途中で番号を飛ばしたのだろう。貨車などではよく見るやり方である。

　ただ、まだ20番の余裕があるこのところで100番飛ばす必要があったのかどうか。最終的には、0代のまま増備をしていても、101にはつながらなかったわけで、このあ

■表4−1　スエ31車歴表❶

改造前形式・番号の※印は振替あり。第2章参照

番号	改造前		改造			当初配置	廃車		最終配置	写真掲載ページ	注記
	形式・番号	配置	年度	工場	年月日		年度	年月日			
1	マニ31 3	(大)	61	後藤	620309	米子	67	680316	米子		
2	マニ31 8	(大)	61	幡生	620309	新見	86	860811	岡山		
3	スハ30 5	(旭)	63	旭川	640222	名寄	79	791025	名寄	26	
4	スハ31 20	(札)	63	五稜郭	631130	苗穂	75	751018	札幌	26	
5	オヤ33 1	(札)	64	旭川	650130	岩見沢	84	840720	岩見沢	29	旧マニ31 6
6	スハ32 71	(新)	65	新津	650824	新潟	72	720522	新潟		
7	マニ31 12	新小岩	66	大宮	660930	新小岩	77	750605	新小岩	34	スエ32 4を改番
8	マニ31 2023	田端	66	大宮	660930	田端	70	700528	田端	34	スエ32 5を改番
9	マニ31 43	甲府	66	大宮	660930	甲府	73	740318	甲府		スエ32 6を改番
10	マニ31 50	八王子	66	大宮	660930	八王子	83	830905	八王子		スエ32 7を改番
11	マニ32 76	品川	66	松任	661228	敦賀	72	720926	敦賀		
12	オハフ52 7	新潟	66	新津	661121	新潟	86	870129	新潟	23	オロフ32 9の格下げ
13	マユニ31 1	小牛田	66	土崎	670106	秋田	86	870210	秋田		
14	マユニ31 2	小牛田	66	盛岡	670109	東能代	86	870210	山形		
15	マニ31 15	名古屋	66	盛岡	670224	盛岡	80	810123	盛岡		
16	マニ31 20	汐留	66	土崎	670310	秋田	80	810210	秋田		
17	スハ32 12※	(熊)	66	鹿児島	670331	吉松	79	790814	吉松	13	スエ75 4の振替
18	スハ32 57	(門)	66	小倉	670331	大分	79	800308	西唐津		
19	スハ32 89	(門)	66	小倉	670330	門司	79	791101	門司		
20	スハ32 95	(門)	66	小倉	670309	長崎	84	840929	長崎		
21	マニ31 9	汐留	66	大宮	670331	平	86	870210	いわき		
22	マニ31 20	汐留	66	大宮	670331	宇都宮	79	790531	宇都宮		
23	マニ31 2034	尾久	66	大宮	670130	品川	80	810216	品川		
24	マニ31 2044	尾久	66	大宮	670228	隅田川	85	860305	武蔵野		
25	スハ32 226	新潟	67	新津	670620	長岡	82	820730	長岡	25	
26	スハ32 572	新潟	67	新津	670825	直江津	80	800701	直江津	24	
27	マニ32 82	京都	67	高砂	671025	向日町	76	761105	向日町		
28	マニ32 114	益田	67	後藤	680311	米子	84	840121	福知山	32	
29	マニ32 115	益田	67	後藤	670725	鳥取	79	800209	鳥取		
30	マニ32 124	益田	67	後藤	671228	米子	84	841015	米子		
31	マニ32 55	広島	67	幡生	671220	徳山	85	850629	徳山	31	
32	スハフ32 104※	宮崎	67	鹿児島	680212	都城	83	830601	都城		
33	スハフ32 161	熊本	67	鹿児島	671130	人吉	82	830301	熊本		
34	スハフ32 324※	門司港	67	小倉	670409	直方	83	831112	直方		
35	スハフ32 325	門司港	67	小倉	670417	大分	79	800206	大分	25	
36	スハフ32 342	鳥栖	67	小倉	670413	長崎	86	870114	長崎		
37	マニ31 2039	隅田川	67	大宮	670824	茅ヶ崎	79	791127	茅ヶ崎		
38	マニ32 63	汐留	67	大宮	670817	茅ヶ崎	86	870206	米子		下巻13章
39	マニ32 91	品川	67	大宮	670812	平	73	731025	水戸		
40	マユ31 4	深川	67	旭川	680330	岩見沢	86	870218	岩見沢	29	
41	マユ35 6	宮原	68	高砂	680816	梅小路	86	861217	梅小路		
42	マユ35 7	津山	68	高砂	680816	津山	84	840514	新見		
43	マユ35 12	宮原	68	高砂	680816	竜華	81	820223	竜華	28	
44	マニ32 61	汐留	68	後藤	681021	西舞鶴	83	840222	西舞鶴		
45	マニ32 83	浜田	68	後藤	680828	浜田	80	800206	浜田		
46	スハフ32 201	八代	68	後藤	680801	都城	80	800619	都城		
47	スハフ32 213	(分)	68	小倉	681129	南延岡	80	810226	南延岡	13	オエ61 307へ振替
48	スハフ32 311	(門)	68	小倉	681031	門司	86	870114	門司	4	
49	スハフ32 313	(門)	68	小倉	681225	鳥栖	84	840605	鳥栖		
50	スハフ32 343	(門)	68	小倉	681225	門司	86	870114	門司		
51	スハフ32 345	(熊)	68	鹿児島	681120	熊本	84	850204	熊本		
52	マニ32 20	汐留	68	大宮	690111	成田	83	840130	佐倉		
53	マニ32 24	汐留	68	大宮	680713	宇都宮	80	800821	宇都宮		
54	マニ32 27	汐留	68	大宮	680827	新小岩	84	850228	新小岩		
55	マニ32 2029	隅田川	68	大宮	680731	水戸	83	830712	水戸		
56	マニ32 62	汐留	68	大宮	680817	平	80	800821	いわき		
57	マニ32 2126	隅田川	68	大宮	680717	平	86	870210	いわき		
58	マニ32 79	広島	68	幡生	690124	広島	84	840724	広島		
59	スハフ32 3	直江津	68	新津	690220	直江津	85	850701	直江津		
60	マユ35 15	大分	68	小倉	690626	大分	86	860605	大分	28	
61	スハフ32 222	(新)	69	土崎	691023	新津	86	870129	新潟		
62	マニ35 2005	長岡	69	新津	7002xx	長岡	85	851121	直江津		
63	マニ32 10	吹田	69	高砂	691227	吹田	79	791010	吹田		
64	マニ32 11	梅田	69	高砂	691121	梅田	85	851227	梅田	14	マニ32 74と振替
65	マニ32 74※	姫路	69	高砂	691105	姫路	85	860123	姫路	14	マニ32 11と振替
66	マニ35 2003	宮原	69	高砂	68年度	神戸港	85	860217	神戸港		
67	マニ35 2004	宮原	69	高砂	68年度	新宮	86	870207	新宮		
68	マニ32 44	松本	69	長野	68年度	塩尻	78	780911	塩尻		
69	マニ35 2014	名古屋	69	名古屋	7003xx	高山	86	870206	稲沢	1・33	
70	マニ35 2015	名古屋	69	名古屋	7003xx	名古屋	86	870206	名古屋		
71	マニ35 2016	名古屋	69	名古屋	68年度	名古屋	83	840222	名古屋		
72	マニ32 2099	隅田川	69	大宮	700114	小山	78	780930	小山		
73	マニ32 2101	隅田川	69	大宮	700114	八王子	85	850727	八王子		
74	マニ32 2110	隅田川	69	大宮	700114	水戸	84	840929	水戸		
75	マニ32 9	小郡	69	幡生	68年度	小郡	81	810924	小郡	30	

スエ31 12（オハフ52 7改）　中央に扉を新設、妻面は埋めてHゴムの窓を設けた。　　　　1974.8.17　新潟運転所　P：永島文良

たりの不可解さはいかにも救援車らしい。

　なおスエ31の中には4輌、いったんスエ32として改造されてすぐに改番、スエ31に編入されたグループがある。細かくはスエ32の項で解説するが、この理由も不明である。

■4－1　オハフ52（オロフ32の格下げ）からの改造

　1960年代には、老朽化した並ロ（普通1等車）を格下げして2等車として使用した。車内の椅子、設備はそのままで保守や取り替えに手間がかかるため、ロングシートの通勤車や荷物車にすぐに改造される。そんな転用の中で、1輌だけが救援車化された。オハ35系の広窓車旧オロフ32 9が格下げされてオハフ52 7となり、種車となった。ロ、ロフから救援車に改造されたのはこの1輌だけである。座席車であるから、室内設備は全て撤去し、中央部に扉を設置した。1966（昭和41）年度に新津工場で施行。

■4－2　スハ32からの改造

　スハ32（572）からの改造は1輌だけで、これも1967（昭和42）年度に新津工場での改造である。座席を撤去し扉を1カ所設置する。図4－3（24頁）は鈴木靖人氏所有の資料で、「操重車専用救援車改造略図」というタイトルである。同車は操重車とペアを組む専用車だったと思われ、室内も細かい部品を搭載するというよりは、クレーン用のロープなどを運ぶのが主な用途だったろう。特色あるのは後位側の仕様で、3段ベッドとストーブが記入

■表4－1　スエ31車歴表❷

番号	改造前 形式・番号	配置	年度	改造 工場	年月日	当初 配置	廃車 年度	年月日	最終 配置	写真掲載ページ	注記
76	マニ32 25	小郡	69	幡生	68年度	小郡	84	850228	小郡	6・31	
77	スハニ32 52	追分	69	五稜郭	68年度	追分	83	840310	札幌	27	
78	マニ35 14	函館	69	五稜郭	68年度	函館	86	870218	函館		
79	マニ35 2204	汐留	70	大宮	710112	東横浜	86	870210	高島		
101	マニ32 6	京都	62	松任	630130	梅小路	86	861217	梅小路	30	
180	マニ35 2001	福島	70	盛岡	710313	八戸	86	870210	八戸	27	
181	マユニ31 10	釜石	70	盛岡	710313	釜石	86	870203	盛岡		
182	マニ35 2203	山形	70	土崎	710330	山形	86	870210	山形	33	
183	マニ32 129	門司	70	小倉	710227	南延岡	86	870122	大分		
184	マニ35 56	新津	70	新津	710808	新津	83	831115	新津	6・33	
185	マニ35 2060	高知	71	多度津	720112	高知	76	770215	高知		
186	マニ35 2221	松本	71	長野	720111	塩尻	86	870205	塩尻	32	
187	マニ35 2051	汐留	74	盛岡	750327	盛岡	80	810303	盛岡		

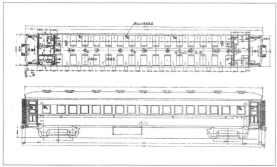

図4－1　オロフ32形式図

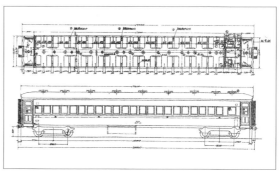

図4－2　スハ32形式図

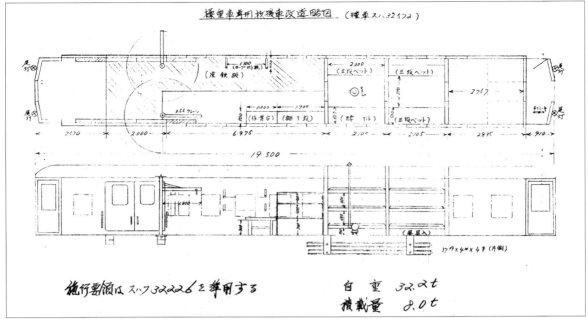

図4－3　スエ31 26（スハ32 572改）。前位側に重量器材を下ろすクレーンを設置。後位側は3段ベッドを設置。側面図にはダルマストーブと煙突がきれいに描かれている。
所蔵：鈴木靖人

スエ31 26（スハ32 572改）
前位寄りに幅2000mmの大きな扉を設置、改造図には窓があるが、現車にはない。妻面を埋めた。
1977.11.6　直江津客貨車区
P：永島文良

■表4－2　スハフ32改造車分類表

スエ31	スハフ32	改造年度	工場	改造内容
6	新潟	71	65 新津	写真欠
17	吉松	12	66 鹿児島	写真欠
18	大分	57	66 小倉	2ヵ所に扉
19	門司	89	66 小倉	2ヵ所に扉、V少→撤去、前位窓埋め
20	長崎	95	66 小倉	2ヵ所に扉、V撤去
25	長岡	226	67 新津	中央部に扉1
32	都城	104	67 鹿児島	2ヵ所に扉。振替、スハフ32 324が種車
33	人吉	161	67 鹿児島	V少
34	直方	324	67 小倉	2ヵ所に扉。種車不明
35	大分	325	67 小倉	2ヵ所に扉
36	長崎	342	67 小倉	2ヵ所に扉、妻側に寄り、窓小
46	都城	201	68 後藤	2ヵ所に扉
47	南延岡	213	68 小倉	2ヵ所に扉
48	門司	311	68 小倉	2ヵ所に扉
49	鳥栖	313	68 小倉	2ヵ所に扉、前位寄り窓、出入口埋め
50	門司	343	68 小倉	2ヵ所に扉
51	熊本	345	68 鹿児島	2ヵ所に扉
61	新津	222	69 土崎	2ヵ所に扉、前位出入口、妻面埋め

されている。現場に長時間滞留する工事車に似た使い方を想定したのかもしれない。

■4－3　スハフ32からの改造

　ハやハフからの改造は座席の撤去、扉の新設などで工数がかかるため、あまり選ばれないのだが、どういうわけか1965（昭和40）～68（同43）年度にはスハフ32から計18輌が救援車化された（うち1輌は種車をスニ75と振り替えたため、実質は17輌となる）。このうち新潟地区の3輌を除けば、全て九州地区の改造車である。

　国鉄の車輌改造は本社が計画を取りまとめるが、この当時は支社に本社権限を委譲し、地域ごとの事情に

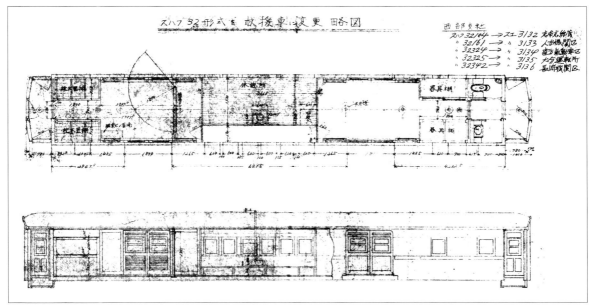

図4－4　スエ31 32～36（スハフ32改）。西部支社改造車の共通図面で相当細かいが、現車はどれも図面と違っているという不可解なものである。便洗面所を残している。
所蔵：鈴木靖人

合わせた経営を目指す方針が採られていた。改造工事も軽微なものは支社に移管されていたので、このようなはっきりした地域差が現れたのだろう。

図4－4は鈴木靖人氏所有の資料で、九州地区を統括する「西部支社」の記載があるスエ31 32～36の形式図である。扉を2カ所新設しているため、平面図、側面図があって、かなり正確な図面になっている。この5輌は67年度の改造車で、工場は小倉、鹿児島の2カ所だったが、同じ図面に基づいて改造したことがうかがえ、現車の写真をみてもこの5輌は同一スタイルとなっている。

スエ31 35（スハフ32 325改）　九州地区の改造車は扉を2カ所設けるのが標準設計。
大分　P：葛　英一

スエ31 25（スハフ32 226改）　新津工場の改造車は中央部に扉を1カ所設けた。
1977.11.5　水上機関区　P：片山康毅

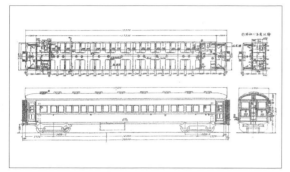

図4-5　スハフ32形式図

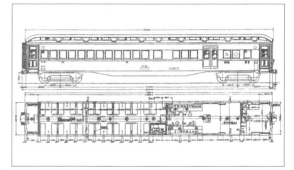

図4-6　スハユ30形式図

　ただ「振替車」の項で説明したように、スエ31 32の種車は、本来スエ31 34になるはずだったスハフ32 104に振り替わっているのだが、この図では32、34ともに当初案の番号が記載されている。

　同年度に新津工場で改造されたスエ31 25は扉が中央部に1カ所だけで、窓がない特異な形態である（8頁コラム参照）。

■4-4　スハユ30からの改造

　スハユ30 5からスエ31 3へ1輛だけ改造されている。前位客室側に扉を新設している。1968（昭和38）年度、旭川工場改造。

▲スエ31 3（スハユ30 5改）
客室部に扉を新設。後位屋根に煙突が見える。
　　　　1975.9.11　名寄
　　　　　　　P：和田　洋

◀スエ31 4（スハニ31 20改）
改造中の姿。窓は1つおきに埋めたが、番号はまだスハニのままである。
　　　1963.9.12　苗穂工場
　　　　　　P：豊永泰太郎

スエ31 77（スハニ32 52改）　荷物室扉を幅1800mmに拡大。前位妻面と出入台を埋めている。　　　1972.5.4　追分　P：千代村資夫

■4－5　スハニ31からの改造

スハニ31からも1輌だけスエ31 4に改造された。スハニ31と前項のスハユ30は側面の窓配置は同一だが、こちらは客室窓を1つ置きに埋めたために、印象が大きく変わった。室内に器材の棚や寝台を設置した際に、該当部分の窓を塞ぐことはよくあるが、1つおきに埋める理由はなんだったのだろうか。苗穂工場の救援車として工場の構内に留置されていた。1968（昭和38）年度、五稜郭工場改造。

■4－6　スハニ32からの改造

スハニ32からは2輌が改造されている。スエ31 59

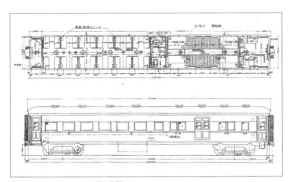

図4－7　スハニ32形式図

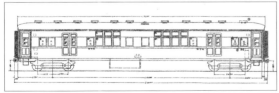

図4－8　マユ35形式図

スエ31 180（マユ35 2001改）　中央部の天窓を埋めた。扉は2つとも原形。　　　1981.5.5　八戸　P：伊藤昭

は客室部分に扉を増設、77は客室はそのままで荷物室扉を拡大した。

■4－7　マユ35からの改造

国鉄所有の郵便車マユ35からは9輌が改造された。マユ時代は荷扱い用の扉が2カ所に幅1200mmの同じものが設けられていたが、救援車用にはやや幅が小さ

■表4－3　スハニ32改造車分類表

		スハニ32	改造年度・工場		改造内容
59	直江津	3	68	新津	客室に扉、前位出入口埋め
77	追分	52	69	五稜郭	荷物室扉を拡大、窓1埋め。客室原形

■表4－4　マユ35改造車分類表

		マユ35	改造年度・工場		改造内容
41	梅小路	6	68	高砂	前位扉拡大
42	津山	7	68	高砂	前位扉拡大、後位扉原形
43	竜華	12	68	高砂	前位扉拡大、後位扉原形。乗務員用扉新設
60	大分	15	69	小倉	前位扉拡大、1－3位窓大幅埋め
62	長岡	2005	69	新津	前位扉拡大、天窓原形
66	神戸港	2003	69	高砂	前位扉拡大
67	新宮	2004	69	高砂	前位扉拡大
78	函館	14	69	五稜郭	前位扉拡大、天窓原形
180	八戸	2001	70	盛岡	扉原形、天窓小

▶スエ31 43（マユ35 12改）
前位側の扉を拡大。後位扉は原形だが、横に600mm幅の出入台を新設。
1980.9.21　加古川
P：井原　実

▼スエ31 60（マユ35 15改）
前位側の窓を埋めて特徴ある形態になった。
1974.2.26　大分運転所
P：和田　洋

いため、大半の車輌で改造時に1800mmの扉に拡大しているが、180だけは原形の扉のままである。郵便車の特徴である天窓は、そのまま残したものと、埋めたものとが見られる。

9輌のうち43だけは2つの扉の間に幅600mmの乗務員用扉を設けた。図4－9はその図面である。図面を見る限り中央部は区切って休憩室にしており、4300mmの長い腰掛を両側に設置し、空いたスペースに扉を設置したようである。

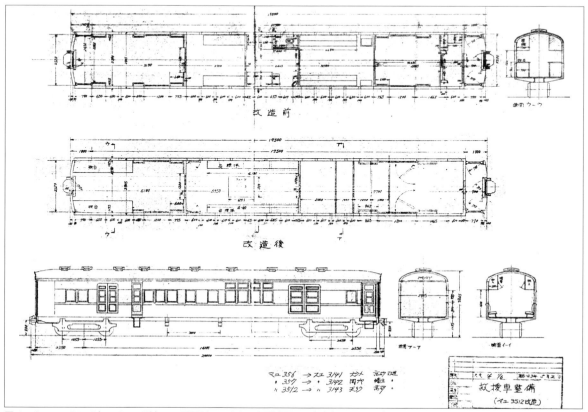

図4－9　スエ31 43（マユ35 12改）。VC図面並みのきれいな形式図で、中央部にストーブを設置。　　　所蔵：鈴木靖人

スエ31 40（マユニ31 4改） 前位側の出入台を埋め扉を拡大。後位側扉は埋めた。　　　1975.6.8　岩見沢　P：富樫俊介

■表4－5　マユニ31改造車分類表

	マユニ31		改造年度・工場		改造内容
13	秋田	1	66	土崎	原形
14	東能代	2	66	土崎	原形
40	岩見沢	4	67	旭川	前位扉拡大、出入口埋め、後位扉埋め
181	釜石	10	70	盛岡	原形、一部窓埋め

■表4－6　マニ31改造車分類表

	マニ31		改造年度・工場		改造内容
1	米子	3	61	後藤	原形
2	新見	8	61	幡生	原形、煙突
7	新小岩	12	66	大宮	窓1埋め。スエ32 4から改番
8	田端	2023	66	大宮	原形。スエ32 5から改番
9	甲府	43	66	大宮	原形。スエ32 6から改番
10	八王子	50	66	大宮	原形。スエ32 7から改番
15	盛岡	15	66	盛岡	V少、中央窓埋め、前位出入口、妻戸埋
21	平	9	66	大宮	原形
22	宇都宮	20	66	大宮	原形
23	品川	2034	66	大宮	1－3位・前位窓1埋め
24	隅田川	2044	66	大宮	原形
37	茅ヶ崎	2039	67	大宮	原形
5	岩見沢	オヤ33 1	64	旭川	扉が1つに、前位出入口埋め、煙突変更。旧マニ31 6

■4－8　マユニ31からの改造

マユニ31から救援車への改造は、結果的にスエ31とスエ32の2形式で存在する（詳細はスエ32の項で解説）。ユニはもともと扉が2カ所あるため救援車向きで、スエ31になった4輌のうち3輌は原形車となっている。

■4－9　マニ31からの改造

こちらにもマユニ31改造車と同様、スエ32にも改造された車輌があるほか、スエ31 7～10はいったんスエ32として登場し、すぐにスエ31に形式変更された。大半は原形車で、そのまま救援車として使用されている。このうちスエ31 5は旧マニ31 6が戦後に占領軍に接収されて何回か改造を受けて軍用車オヤ33 1となり、返還された後に救援車化された。軍用改造で側面の扉が1つになった変形車である。

スエ31 5（オヤ33 1改）
車歴は複雑で、マニ31 6から戦後占領軍に接収され、オシ30 1となる。返還後、保健車オヤ33 1を経て改造。オヤ時代に前位出入台、後位扉を埋めている。煙突は屋根横にあったが、スエ改造の際に屋根上に付け直した。
　　　1975.6.8　岩見沢
　　　P：富樫俊介

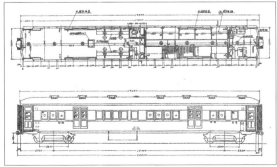

図4－10　マユニ31形式図

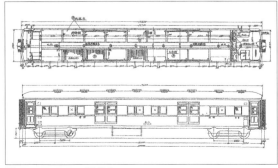

図4－11　マニ31形式図

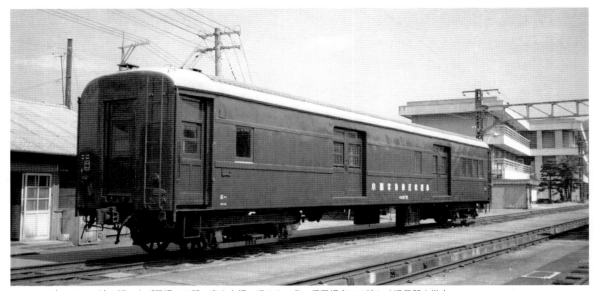

スエ31 75(マニ32 9改) 張り上げ屋根のⅠ種。窓を大幅に埋めた。非二重屋根車には珍しく通風器を撤去した。
1980.9.21 小郡客貨車区 P：豊永泰太郎

■4－10 マニ32からの改造

　マニ32からは9輌が改造された。マニ32は製造時期の違いで戦前製の張り上げ屋根(Ⅰ種と分類)、同丸屋根(Ⅱ種)、戦後製折妻構造(Ⅲ種)、マニ31からの改造・編入車＝丸屋根(Ⅳ種)の4種類に区分できるが、スエ31には全てのタイプから改造されている。

　また「振替車」の項目で説明したように、64と65は相互に入れ替わっている。マニからの改造は原形車が多いが、窓や通風器の扱いで微妙な差が出ている。

▲スエ31 101(マニ32 6改)
Ⅰ種。改造時は写真のように通風器は原形だが、その後一部を撤去した。 梅小路機関区
P：豊永泰太郎

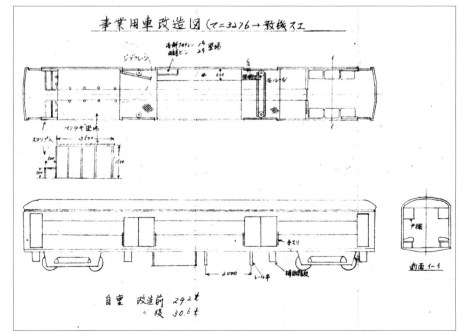

◀図4－12　スエ31 11(マニ32 76改)。極めて簡略な図面である。現車の画像がないので、貴重な資料になる。マニ時代の2つの扉をそのまま使用したようだ。前位側は両側に「枕木置場」と記載があるので、この部分の窓は埋めたかもしれない。後位側は休憩スペース。後位扉横に重量器材を運搬するために「モノレール」を設置している。
所蔵：鈴木靖人

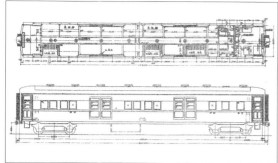

図4-13 マニ32 1～17形式図(Ⅰ種)

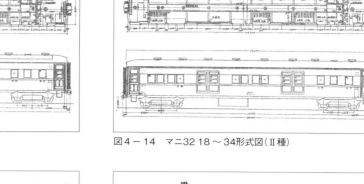

図4-14 マニ32 18～34形式図(Ⅱ種)

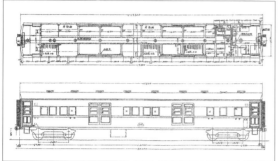

図4-15 マニ32 35～64形式図(Ⅲ種)

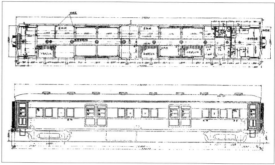

図4-16 マニ32 71～83形式図(Ⅳ種)

スエ31 76(マニ32 25改) 標準的丸屋根のⅡ種。中央部の窓と両妻面を埋めている。　　　　1978.9.11　宇部電車区　P：和田 洋

スエ31 31(マニ32 55改)　戦後製折妻のⅢ種。原形だが、これも通風器を全て撤去した。　　1978.9.11　岩国機関区　P：和田 洋

■表4-7 マニ32改造車分類表

Ⅰ=張り上げ、Ⅱ=丸屋根、Ⅲ=折妻、Ⅳ=改造

		マニ32	改造年度・工場		改造内容
11	敦賀	76	66	松任	Ⅳ種。写真欠
16	秋田	5	66	土崎	Ⅰ種。原形
27	向日町	82	67	高砂	Ⅱ種。原形、前位出入口埋め
28	米子	114	67	後藤	Ⅳ種。原形、V少、中央部窓埋め
29	鳥取	115	67	後藤	Ⅳ種。原形
30	米子	124	67	後藤	Ⅳ種。原形
31	徳山	55	67	幡生	Ⅲ種。原形、Vほぼ撤去
38	茅ヶ崎	63	67	大宮	Ⅲ種。原形
39	平	91	67	大宮	Ⅳ種。原形
44	西舞鶴	61	67	大宮	Ⅲ種。原形
45	浜田	83	67	後藤	Ⅳ種。原形か、庫内
52	成田	20	68	大宮	Ⅱ種。原形
53	宇都宮	24	68	大宮	Ⅱ種。原形
54	新小岩	27	68	大宮	Ⅱ種。原形、前位出入口、妻面埋め
55	水戸	2029	68	大宮	Ⅰ種。原形

		マニ32	改造年度・工場		改造内容
56	平	62	68	大宮	Ⅲ種。原形
57	平	2126	68	大宮	Ⅳ種。原形、後位窓1埋め
58	広島	79	68	幡生	Ⅳ種。原形、後位窓1埋め
63	吹田	10	69	高砂	Ⅰ種。原形、後位窓1埋め
64	梅田	11	69	高砂	Ⅱ種。原形、前位出入口、妻面埋め、マニ32 74振り替え
65	姫路	74	69	高砂	Ⅰ種。原形→V少、マニ32 11振り替え
68	塩尻	44	69	長野	Ⅲ種。原形、前位窓1埋め
72	小山	2099	69	大宮	Ⅳ種。原形、前位、後位窓1埋め
73	八王子	2101	69	大宮	Ⅳ種。原形
74	水戸	2110	69	大宮	Ⅳ種。原形
75	小郡	9	69	幡生	Ⅰ種。窓大幅埋め、V撤去
76	小郡	25	69	幡生	Ⅱ種。中央窓埋め、両妻面埋め
101	梅小路	6	62	松任	Ⅰ種。原形→V少
183	南延岡	129	70	小倉	Ⅳ種。原形

31

スエ31 28(マニ32 114改)　マニ31から編入されたⅣ種。中央部の窓を2個埋めた。　　　　　1978.9.9　豊岡機関区　P：和田 洋

■4-11　マニ35からの改造

マニ35は戦前・戦後製のハニから荷物車に改造されたもので、さらに救援車に再改造された。種車によってスハニ31（Ⅰ種）、スハニ32（Ⅱ種）、スハニ35・オハニ40（Ⅲ種）と分類した。この中で目立つのはⅢ種の3輌で、スハニ35は客車特急「つばめ」「はと」用に製作されたスハ44系客車のグループである。オハニ40は台車をTR23に取り替えているが、スハニ35からの改造車は製造時のTR47をそのまま付けている。救援車ではこの2輌だけである。

外観に特徴があったのが69で、前位妻面が大きく開閉する扉の構造となっている。配置された高山客貨車区は山岳地区の路線を担当するため、事故の際に器

■表4-8　マニ35改造車分類表

	マニ35	改造年度 工場		改造内容
69	高山	2014	69 名古屋	Ⅰ種。特異な前位妻面、ヘッドライト付き
70	名古屋	2015	69 名古屋	Ⅰ種。原形
71	名古屋	2016	69 名古屋	Ⅰ種。原形
79	東横浜	2204	70 大宮	Ⅲ種。原形、TR47
182	山形	2203	70 土崎	Ⅱ種。原形→車掌室窓埋め
184	新津	56	70 新津	Ⅱ種。原形、前位妻埋め
185	高知	2060	71 多度津	Ⅱ種。原形
186	塩尻	2221	71 長野	Ⅲ種。原形。2-4位前位出入口埋め。TR23
187	盛岡	2051	74 盛岡	Ⅱ種。写真欠

Ⅰ＝スハニ31、Ⅱ＝スハニ32、Ⅲ＝スハニ35、オハニ40

材を前から降ろせる構造を希望してこの様式になったという。鉄道友の会・客車気動車研究会の有志が名古屋地区へ見学旅行した際、名古屋客貨車区の検修助役さんが高山区勤務の時に、この車輌の改造希望を出してそれが実現したという貴重なお話を伺っている。

スエ31 186(マニ35 2221改)　Ⅲ種。スハニ35の台車をTR23にしたオハニ40から改造。　1973.8.20　塩尻　P：永島文良

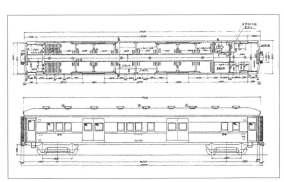

図4-17　マニ35（Ⅰ種：スハニ31の改造）形式図

スエ31 69（マニ35 2014改）
スハニ31→マニ35のⅠ種。
妻面が開閉する独特の構造。
　　　　1977.4.30　高山
　　　　　　P：藤井　曄

スエ31 184（マニ35 56改）
スハニ32→マニ35のⅡ種。前
位妻面を埋めたがほぼ原形。
　　　1978.5.6　新津機関区
　　　　　　P：藤井　曄

スエ31 182（マニ35 2203改）
Ⅲ種。スハニ35時代のTR47
を付けた。
　　　　　山形　P：大槻明義

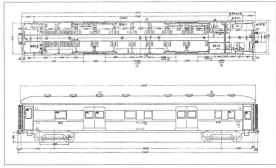

図4－18　マニ35（Ⅱ種：スハニ32の改造）形式図

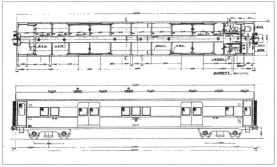

図4－19　マニ35（Ⅲ種：スハニ35・オハニ40の改造）形式図

5．スエ32

　これも謎の多い形式である。1963（昭和38）年度から1966（昭和41）年度にかけ、スエ32 1〜10の10輌が登場した。種車はマユニ31とマニ31である。戦前製20m車を種車とするスエ31が既に存在するのに、なぜ新形式を起こしたのかは現在も分かっていない。スエ31は1961（昭和36）年度から改造が始まる。マニ31からスエ31への改造例も出ており、種車の違いで新形式にしたとも言いにくい。便所付きだったのではないかなどと、今でも客車ファンの間では折に触れて話題になる形式である。

　さらに不可解なのは、1966（昭和41）年度改造車のスエ32 4〜7が、いったんスエ32として登場したあ

■表5−2　マユニ31改造車分類表

マユニ31		改造年度・工場		改造内容
1	12	函館	63	旭川	原形
8	13	池田	66	旭川	Ｖ１撤去。煙突位置が1と反対

■表5−3　マニ31改造車分類表

マニ31		改造年度・工場		改造内容	注記
2	25	（金）	63	松任	窓１埋め	
3	30	直江津	64	新津	写真欠	
4	12	新小岩	66	大宮	原形	スエ31 7へ
5	2023	田端	66	大宮	原形	スエ31 8へ
6	43	甲府	66	大宮	画像なし、原形	スエ31 9へ
7	50	八王子	66	大宮	画像なし、原形	スエ31 10へ

と、スエ31 7〜10に改番されていることである。同年度にマユニ31から改造されたスエ32 8はそのままだったため、スエ32は途中の4輌分が欠番となり、総数は4輌という小所帯になった。

　改番された4輌は全て大宮工場でマニ31から改造され、東京鉄道管理局管内の現場に配置された。改番されなかった4輌とされた4輌の定性的な違いは、この程度しか見つけられない。番号の書き替え時期も不明だが、スエ32時代に撮影された数少ない写真の撮影時期はいずれも1966（昭和41）年で、1967（昭和42）年撮影の画像は既にスエ31に変わっていることから、落成後間もなく現場で番号を書き替えたと推定している。

■5−1　マユニ31からの改造

　2輌がともに旭川工場で改造され、深川と留萌に配置された。マユニは救援車に転用しやすく、2輌ともほぼ原形のままである（形式図はスエ31の項で掲載、次項マニ31も同じ）。

■5−2　マニ31からの改造

　スエ31に改番された4輌を含め、

スエ32 5（マニ31 2023改）　スエ31 8へ改番された。
　　　　　　　　　1966.9.11　田端機関区　P：豊永泰太郎

■表5−1　スエ32車歴表

番号	改造前		改造			当初	廃車		最終	写真掲載	注記
	形式・番号	配置	年度	工場	年月日	配置	年度	年月日	配置	ページ	
1	マユニ31 12	函館	63	旭川	640330	深川	85	860305	旭川		
2	マニ31 25	（金）	63	松任	640311	敦賀	72	730328	敦賀	35	
3	マニ31 30	直江津	64	新津	650226	直江津	71	710830	直江津		
4	マニ31 12	新小岩	66	大宮	660930	新小岩	75	750605	新小岩	34	スエ31 7に改番
5	マニ31 2023	田端	66	大宮	660930	田端	70	700528	田端	34	スエ31 8に改番
6	マニ31 43	甲府	66	大宮	660930	甲府	73	740318	甲府		スエ31 9に改番
7	マニ31 50	八王子	66	大宮	660930	八王子	83	830905	八王子		スエ31 10に改番
8	マユニ31 13	池田	66	旭川	660730	留萌	78	780920	留萌	35	

スエ32 4（マニ31 12改）　スエ31 7へ改番された。　　　　　　　　　　　　　　　　　　　　　　1966.9　新小岩機関区　P：片山康毅

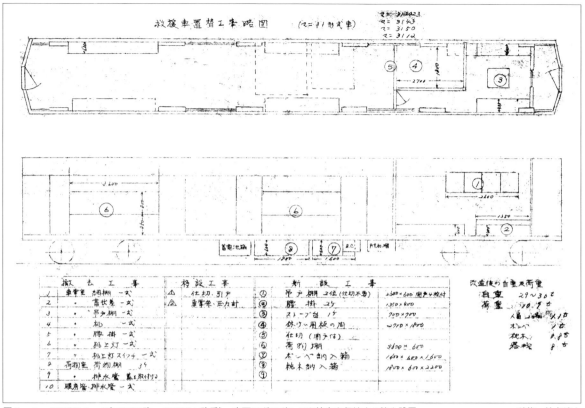

図5-1 スエ32 4～7(マニ31改。スエ32へ改番)。床下にガスボンベや枕木を収納する箱を設置。　　所蔵：鈴木靖人

6輌ともほぼ原形である。図5-1は鈴木靖人氏所蔵資料でスエ31になった4輌が図面の上に記載されており、「救援車置替工事略図」というタイトルである。恐らく改造にあたった大宮工場で作成したものと思われる。改造内容は車掌室、荷物室関連の設備を撤去、吊戸棚やガスボンベの納入箱を新設する。後位側は休憩室で、腰掛、ストーブ台とともに、④部分に「休けい用板の間」と記されている。

▲スエ32 8(マユニ31 13改)
屋根上の煙突が前位側にある。　1969.8.24　留萌
　　　　　　P：堀井純一

◀スエ32 2(マニ31 25改)
後位側窓を1個埋めているが、ほぼ原形。
1965.4.10　敦賀第一機関区
　　　　　　P：菅野浩和

6. オエ36

オエ36 3（オハニ36 17改）　客室部扉は1200mm。
　　　　　　1974.9.23　竜華機関区　P：永島文良

　1972・73（昭和47・48）年度に、オハニ36から3輌が改造された。「オエ」としては既にオエ61が存在していたし、オハニ36はもともとは鋼体化改造客車だったから、オエ61の中に組み込んでおかしくはなかったのだが、3輌のために新形式を起こした。スエ32の次の33を使わずに36に形式番号を飛ばしたのは、種車の形式番号を意識したからだろう。
　改造は3輌を3工場で担当したことが影響したのか、種車は一緒だが外観は全て異なっている。後位側の荷物室部分は3輌とも手を加えず、原形のままだが、前位の客室部分は新設された扉の形態と位置が全て違い、その結果として窓配置が3通りに分かれた。いかにも救援車らしい形式である。

◀オエ36 2（オハニ36 18改）
1800mmの木製扉設置。
　　　　1981.12.24　和歌山
　　　　　　　P：藤井　曄

▼オエ36 1（オハニ36 12改）
1800mm扉にHゴム窓と特徴的な外観。　1978.5.11　秋田運転区
　　　　　　　P：葛　英一

■表6-1　オエ36車歴表

番号	改造前		改造			当初配置	廃車		最終配置	写真掲載ページ	改造内容
	形式・番号	配置	年度	工場	年月日		年度	年月日			
1	オハニ36 12	秋田	72	土崎	730331	秋田	86	870210	秋田	36	2位側窓2個。1800mm引戸、Hゴム
2	オハニ36 18	和歌山	73	名古屋	730705	和歌山	86	870207	竜華	36	2位側窓1個。1800mm引戸、木製
3	オハニ36 17	和歌山	72	高砂	730331	竜華	85	860305	竜華	36	2位側窓埋め。1200mm引戸

このうち1と2は客室に新設した扉は大型の幅1800mmとしたが、1は新製したのだろうかプレス製で窓がHゴムの印象的な形態である。2は廃車部品の流用と思われ、一般的な形態だ。3だけは客室部分も1200mm幅のものを取り付けている。

　1と3は1972(昭和47)年度改造で、間にはさまれた2は1973(昭和48)年度改造車であり、順番がちぐはぐである。恐らく2も72年度改造予定だったのが、何らかの事情で工事が遅れて、落成が翌年度にずれ込んだのではないか。

図6-1　オハニ36形式図

7. スエ38

　戦前製の3軸ボギー荷物車(カニ29)を種車に1961(昭和36)年度から7輌が改造された。1968(昭和43)年度に遊休化していたカニ38からの改造車も加えて、総勢8輌となる。

■7-1　カニ29からの改造

　カニ29には荷物車として新製されたグループ(0代、10代)と、マロネ37から戦後にマハネ29に改造され、その後に荷物車として復旧した20代があり、スエ

スエ38 7(カニ29 23改)　マロネから改造されたカニが種車で、窓配置が異なる。　　　　　　　　1970.12.6　国府津　P：伊藤 昭

スエ38 1(カニ29 15改)　カニ時代の原形を維持。　　　　　　　　　　　　　　　　1964.10.16　富良野機関区　P：片山康毅

■表7-1　スエ38車歴表

番号	改造前 形式・番号	配置	改造 年度	工場	年月日	当初 配置	廃車 年度	年月日	最終 配置	写真掲載ページ	改造内容
1	カニ29 15	滝川	61	旭川	620331	室蘭	66	660902	富良野	37	I種。原形
2	カニ29 11	尾久	62	大宮	630214	大宮	68	690313	大宮		I種。原形、前位屋根上V煙突
3	カニ29 12	尾久	62	大宮	620925	新鶴見	80	801218	新鶴見	下巻13章	I種。原形？
4	カニ29 16	品川	62	大宮	630205	新鶴見	78	780525	新鶴見		I種。原形、V1撤去
5	カニ29 21	品川	63	大宮	640331	高崎	79	790531	高崎		II種。原形、V8個
6	カニ29 22	品川	63	大船	250000	水戸	72	730123	水戸		II種。原形、V8個
7	カニ29 23	品川	63	大宮	640114	茅ヶ崎	81	820305	茅ヶ崎	37	II種。原形、V6個、両妻面埋め
8	カニ38 1	品川	68	新小岩	690320	錦糸町	81	810803	佐倉	38	原形、シャッター一部閉鎖

37

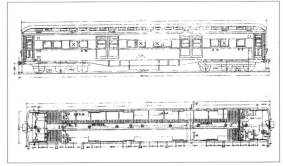

図7−1 カニ29 10代形式図

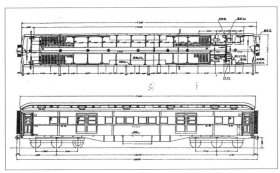

図7−2 カニ29 20代形式図

38には10代から4輌、20代から3輌が改造された。窓配置が違うので外見から判断できる。前車をⅠ種、改造車をⅡ種と分類している。全て二重屋根車で、台車は釣り合いばり式のTR71系。通風器は一部撤去した車輌もある。

■7−2 カニ38からの改造

　小荷物輸送の合理化、荷扱い時間短縮を狙い、1959(昭和34)年度に占領軍から返還されたマハネ29 12を

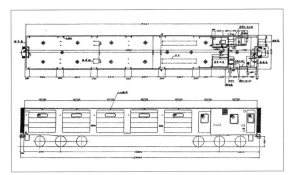

図7−3 カニ38形式図

使い、側面にシャッターを配置して荷物の積み下ろしを簡便にした試作車として、カニ38 1が誕生した。急行に連結されていたが、1形式1輌だったために徐々に定期運用から外れ、臨時の美術品輸送などに使用されていた。

　軽量構造の車体に対して古めかしい3軸台車という取り合わせが独特で、救援車化後も配置された佐倉客貨車区にはファンがしばしば訪れていた。

▲カニ38 1
急行に連結されていた荷物車時代の姿。　1963.8.16　姫路
　　　　　　　P：和田　洋

▶スエ38 8(カニ38 1改)
3軸の釣り合い梁台車と軽量車体の取り合わせが特徴。
　　1973.9.23　佐倉客貨車区
　　　　　　P：片山康毅

オエ61 98（マニ60 144改）　いったん間違った番号の「105」で出場したが、すぐに正規の番号の98に書き換えられた。
1982.1.3　広島貨車区　P：井原　実

8－1．オエ61 0代

　車輌の安全性を高めるため、戦後に鋼体化改造工事が行われ、大量の60系客車と呼ばれるグループが誕生した。こうした鋼体化車輌から生まれた救援車がオエ61で、種車が豊富だったこともあり、1966(昭和41)年度から81(同56)年度までの間にまず0代車が100輌登場した。救援車としては最大勢力である。

　特徴は木造車から譲り受けたTR11系台車で、車体は新製であるから70系の戦災復旧車よりはよほど状態が良く、国鉄末期まで活躍するが、最後のころに改造された車輌は、国鉄の分割民営化によってわずか数年で廃車になる。1986(昭和61)年度でほぼ全滅するが、2輌だけはJR北海道に移籍し、1990(平成2)年度まで在籍した。

　なお、理由は不明だがオエ61 40は欠番である。また1981(昭和56)年度改造車は改造後の番号の間違いが発生している。0代では、オエ61 88→87、103→97、105→98の3輌で番号変更が確認されている。いずれも工場出場時の番号が違っていて、その後

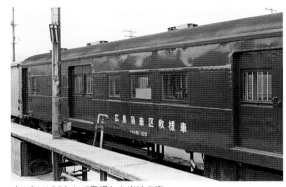

オエ61 105として登場した当時の姿。
1981.3.15　広島貨車区　P：井原　実

103の番号を塗りつぶし、上から97を書き直した。
1982.1.2　沼津
P：井原　実

に現場で書き換えられた。またオエ61 97の場合、番号部分の写真をみると103と書いた部分を塗りつぶして、97と書き加えた跡が読み取れる。

■8－1－1　オハフ61からの改造

　オハフ61からは1輌(568)が1966(昭和41)年度に新津工場で改造され、オエ61 2となって新潟地区に配置された。スエ31でも見られたが、新潟支社管内では座席車からの改造が行われている。当車は客室部分に幅1800mmの扉を設置、一方で後位の出入口をふさぎ、車掌室部分に出入台を設けたため、特異な形態になった。前位側と後位側の2つの通風器が取り換えられており、2カ所にストーブを設置していたようだ。

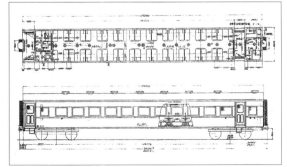

図8－1－1　オハフ61形式図

オエ61 2（オハフ61 568改）
車掌室のあった後位側を大きく変えた。出入台を埋め、車掌室部分に新設する。客室窓は3カ所を埋め、1800mmの扉を付けた。
1973.8.23　東新潟
P：伊藤　昭

▶オエ61 8（オハユ61 3改）
原形。郵便室扉も1200mmのままである。
1973.10.14　大宮客貨車区
P：永島文良

▼オエ61 3（オハユニ61 17改）
客室窓、便所窓を埋めた。
1977.9.19　仙台運転所
P：和田　洋

■8－1－2　オハユ61からの改造

オハユ61からは1輌（3）だけが1967（昭和42）年度にオエ61 8に改造された。オハユ61はもともと郵便室区分台部分に窓がなく、そのままオエになり、ほぼ原形のままである。

■8－1－3　オハユニ61からの改造

8輌が改造された。もともと2カ所に扉があったために利用しやすく、一部の窓を埋めた車輌もあるが、ほぼ原形車である。オエ61 5と6に改造した2輌につ

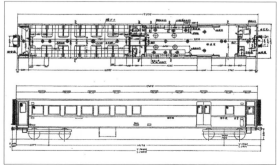

図8－1－2　オハユ61形式図

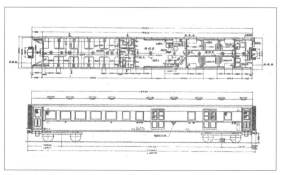

図8－1－3　オハユニ61形式図

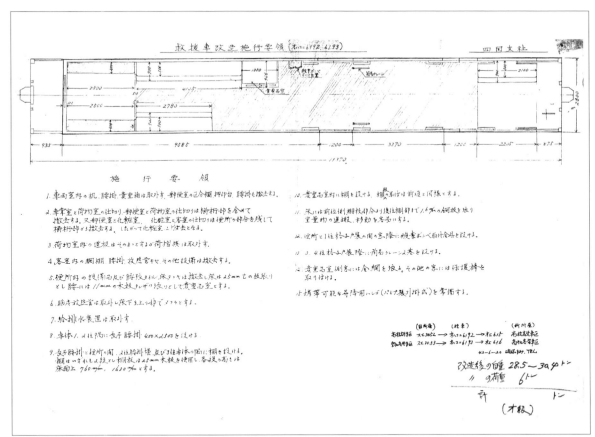

図8－1－4　オエ61 5・6(オハユニ61改)。ここにも「貴重品室」が登場する。「室内に棚を設け、窓には金網を張る」と注記があり、重要な機器を収納したのだろうか。
所蔵：鈴木靖人

いては、図8－1－4の「救援車改造施行要領」が鈴木靖人氏資料中に残されている。作成は四国支社とともに多度津工場で改造されているので、外見、内部設備ともに同一だったようだ。

郵便室、荷物室、車掌室の間の仕切りは全て撤去し、全車を1室として使用、前位部分には腰掛を置いて休憩スペースとしている。

■ 8－1－4　オハニ61からの改造

オハニ61は1952(昭和27)年度製以降の後期車から

は、後位車掌室妻面の片側に明かり窓が設置された。それ以前の前期車は窓がない。オエには5輌が改造され、両タイプがあるが、後期車から改造された3輌のうち、15と16は後位妻面を埋めてある。側面はほぼ原

■表8－1－1　オハユニ61改造車分類表

	オハユニ61	改造年度	工場	改造内容
1	小松島	91	66	多度津	原形
3	作並	17	66	盛岡	後位窓2、便所窓埋め
4	大湊	35	66	盛岡	写真欠
5	小松島	92	67	多度津	ほぼ原形、妻窓埋め
6	高知	93	67	多度津	ほぼ原形、妻窓埋め
7	秋田	21	67	土崎	原形
17	高松	29	68	多度津	原形
23	松山	59	70	多度津	原形

■表8－1－2　オハニ61改造車分類表

	オハニ61	改造年度	工場	改造内容
14	旭川	303	68	旭川	後期。原形。2－4位荷物室扉を1800mmに拡大
15	釧路	342	68	旭川	後期。後位車掌室出入台、妻面埋め。荷物室扉を1800mmに拡大
16	東室蘭	358	68	五稜郭	後期。前位側妻面、後位妻面埋め。荷物室扉を1800mmに拡大
18	高松	186	69	多度津	前期。原形。明かり窓なし
20	厚狭	191	69	幡生	前期。中央部窓埋め、両妻面埋め、荷物室扉を1800mmに拡大

オエ61 14(オハニ61 303改)　1－3位側。扉は1200mmだが反対側は1800mmである。　1981.5.6　旭川客貨車区　P：藤井　曄

形車だが、大半は荷物室扉は1800mm幅のものに拡大している。

18は原形の1200mm幅のままである。14は1-3位が1200mm、2-4位が1800mmと両側面で異なっているようだ。

■8-1-5 スハニ62からの改造

スハニ62はオハニ61の北海道向け車輌で、1輌(42)がオエ61 50改造された。この車輌も荷物室扉は幅を拡大している。妻面には明かり窓があったが、車掌室の窓とともに埋められている。形式図はオハニ61と

オエ61 50（スハニ62 42改）
扉を1800mmに拡大。車掌室窓と妻面を埋めており、1-3位側は出入台も埋めた。
1981.4.30 長万部貨車区
P：片山康毅

オエ61 51（スユニ61 43改）
ほぼスユニ時代のままだが、中央部に広窓を1つ増設した。救援車改造で窓を新設するのは珍しい。
1980.10 宇和島機関区
所蔵：野村一夫

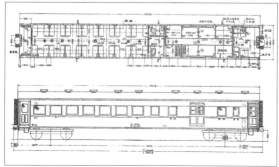

図8-1-5 オハニ61形式図

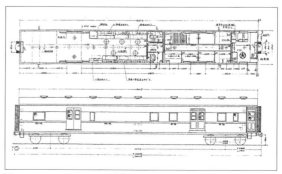

図8-1-6 スユニ61形式図

同じなので省略した。

■8−1−6　スユニ61からの改造

ユニからは改造しやすいのだが、60系のスユニ60、61は輛数が多かった割には改造は意外に少なく、スユニ61から1輛（43）がオエ61 51となっただけである。スユニ時代と比較すると、中央部に幅1000mmの広窓を1つ増設している。

■8−1−7
マニ60（マニ61）からの改造・狭窓Ⅰ種

マニ60は輛数が多く、形態もバラエティに富んでいる。大きく分けると鋼体化改造で最初から荷物車として登場したグループと、いったんハニ、ハユニなどになって、その後にマニ改造されたグループに分かれる。前者は窓の幅が700mmの狭窓車、後者は1000mmの広窓車である。公式図面は狭窓車で2枚、広窓車で2枚の合計4種類が記載されており、本書はそれぞれ狭窓Ⅰ、Ⅱ、広窓Ⅰ、Ⅱ種として分けて紹介する。マニ60の細かい分類は本シリーズ138・139巻を参照いただきたい。なおマニ60は後年、台車

■表8−1−3　マニ60（狭窓Ⅰ）改造車分類表

	マニ60	改造年度	工場	改造内容	旧番号
9	新鶴見	13	67	大宮	狭窓Ⅰ、原形。4位窓3つタイプ	
67	北見	2021	77	旭川	狭窓Ⅰ。1、2位窓を2分割	
	オル60					
22	宇都宮	1	45	大宮	狭窓Ⅰ。原形、車掌室小窓	マニ60 1

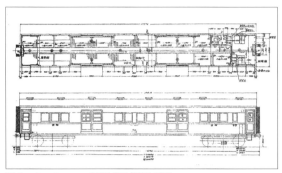

図8−1−7　マニ60形式図（狭窓Ⅰ種）

をTR23に振り替えてマニ61に改造された車輛があるが、外見は変わっていないので一緒に説明する。

1953（昭和28）年度に登場したマニ60の第一陣が狭窓Ⅰ種で、3輛がオエとなった。またマニ60 1からオル60 1に改造後にオエ61 1となったものと、マニ61を経由して改造された3輛があり、これもこのグループに含めている。

この狭窓Ⅰ種の中にも細かい変化がある。最初の登場車は4位側車掌室の窓が幅400mmの小窓だった。掲載した形式図がこれである。ところが実用上不便であったようで、53年度の第2次改造車（マニ60 21〜44）は車掌室スペースを若干拡大し、700mmの窓に変わっている。オエに改造された中ではオル60 1を経てオエ61 22になった1輛だけが、400mm窓のタイプである。

▲オエ61 22（オル60 1改）
元はマニ60 1。オル61を経て改造された。
　　　1974.12.22　宇都宮
　　　　　　P：藤井　曄

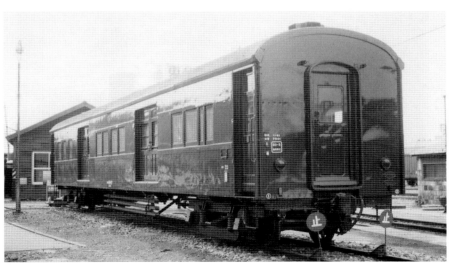

▶オエ61 67（マニ60 2021改）
1−3位側の700mm幅窓を分割した。　P：菊池孝和

43

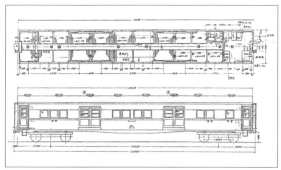

図8－1－8　マニ60形式図（狭窓Ⅱ種）

■表8－1－4　マニ60（狭窓Ⅱ）改造車分類表

		マニ60	改造年度	工場	改造内容
10	高崎	2208	67	大宮	狭窓Ⅱ。原形
13	田端	370	68	大宮	狭窓Ⅱ。原形
30	米原	447	72	松任	狭窓Ⅱ。2－4位窓3埋め
31	敦賀	2414	72	松任	狭窓Ⅱ。4位窓1埋め
32	敦賀	2417	72	松任	狭窓Ⅱ。原形
35	水戸	2403	73	大宮	狭窓Ⅱ。4位窓1埋め
43	秋田	2436	74	盛岡	狭窓Ⅱ。後位扉埋め、小窓増。操重車用
52	早岐	363	75	小倉	狭窓Ⅱ。画像欠
56	浜松	2228	75	名古屋	狭窓Ⅱ。4位窓1埋め
60	青森	2443	76	盛岡	狭窓Ⅱ。原形
69	八代	359	77	鹿児島	狭窓Ⅱ。画像欠
71	留萠	2438	78	旭川	狭窓Ⅱ。4位窓1埋め。煙突
73	酒田	2216	78	土崎	狭窓Ⅱ。前位出入台埋め。4位窓1埋め
79	香椎	304	78	鹿児島	狭窓Ⅱ。4位窓1埋め
80	名寄	2410	79	旭川	狭窓Ⅱ。原形
90	西唐津	2425	79	小倉	狭窓Ⅱ。画像欠
91	鹿児島	2422	79	鹿児島	狭窓Ⅱ。画像欠
94	青森	2205	80	土崎	狭窓Ⅱ。前位出入台埋め。4位窓1埋め
		マニ61			
44	八戸	2366	74	盛岡	狭窓Ⅱ。原形。旧マニ60 2434
48	高崎	2367	75	大宮	狭窓Ⅱ。4位窓1埋め。旧マニ60 2440
49	八王子	2368	75	大宮	狭窓Ⅱ。旧マニ60 2441
65	向日町	209	76	高砂	狭窓Ⅱ。両妻面埋め、窓1埋め。旧マニ60 232

■**8－1－8　マニ60からの改造・狭窓Ⅱ種**

　狭窓Ⅰ種の車掌室窓拡大型とほぼ同一形状だが、1953(昭和28)年度後期車からは車掌室がさらに拡大し、窓の位置も微妙に違いがある。原形車が多い中で、43は後位側の荷物室扉を埋めて特異な形態になった。その部分に窓を設けているが、狭窓車に合わせた幅700mmである。同車は「秋田機関区操重車付随車」の標記があり、後位側は休憩室にしたようで煙突も設置してある。また71も後位出入台の屋根に独特の煙突

がある。北海道地区の救援車は、やはり寒さ対策が不可欠だったようだ。

◀オエ61 43（マニ60 2436改）
後位側扉を埋めたうえで、その部分に窓を設置した。「操重車用救援車」の標記がある。
1977.9.17　秋田機関区
P：和田　洋

▼オエ61 71（マニ60 2438改）
ほぼ原形だが、車掌室上にストーブ用通風器、煙突を設置した。
1981.5.6　旭川客貨車区
P：藤井　曄

オエ61 99(マニ60 711改)
オハニ61からスユニ61、マニ60を経て改造。中央部のHゴム窓が特徴。
　　　1987.7.18　岩見沢
　　　　P：岡田誠一

■8-1-9　マニ60からの改造・広窓Ⅰ種

　1959(昭和34)年度からハユニ、ハニなどの合造車を全室荷物車に改造する工事が始まる。普通列車に併結していた荷物車を切り離し専用列車に仕立てる「客荷分離」の方針に合わせたもので、この時期に大量のマニ60が増備された。特徴は客室部分に使用されていた幅1000mmの広窓が残り、鋼体化改造で最初からマニになったグループの狭窓車と違いが出た。

　このうちオハニ61とその寒地向け形式のスハユニ62からの改造車が広窓Ⅰ種とした。幅1800mmの荷物室扉が2カ所あるので、そのまま救援車化したものがほとんどで、ほとんどが原形のままである。99はマニ改造の際に中央部窓をHゴム化しており、特徴ある側面になっている。この車輌はオハニ61からスユニ61を経てオエ改造されたもので、外見上はこのグループに含めてみた。

■8-1-10　マニ60からの改造・広窓Ⅱ種

　マニ60では一番輌数の多いタイプで、オハニ61からの改造車が大半であるが、オハユニ63、64などからの改造車も同じ形態になる。オエへの改造も44輌と多

■表8-1-5　マニ60(広窓Ⅰ)改造車分類表

	マニ60		改造年度 工場	改造内容	旧番号
11	大宮	2586	68 大宮	広窓Ⅰ。原形。	オハニ61 3
12	大宮	2604	68 大宮	広窓Ⅰ。原形。	オハニ61 97
21	田端	701	70 大宮	広窓Ⅰ。4位窓埋め	オハニ61 119
24	金沢	2648	70 松任	広窓Ⅰ。4位窓埋め、前位出入台埋め	オハニ61 64
26	米原	2698	71 松任	広窓Ⅰ。原形。	オハニ61 70
38	金沢	2647	73 松任	広窓Ⅰ。3位出入台、後位妻面埋め	スハユニ62 18
39	富山	2691	73 松任	広窓Ⅰ。原形。	オハニ61 76
45	篠ノ井	2692	74 長野	広窓Ⅰ。原形。	オハニ61 105
46	福井	2689	74 松任	広窓Ⅰ。原形。	オハニ61 47
47	鳥栖	697	74 小倉	広窓Ⅰ。原形。	オハニ61 55
55	沼津	2690	75 名古屋	広窓Ⅰ。原形。前位妻面埋め、前位出入台Hゴム	オハニ61 56
62	新潟	2644	76 新津	広窓Ⅰ。4位窓埋め	スハユニ62 7
64	静岡	707	76 名古屋	広窓Ⅰ。後位妻面埋め	スハユニ62 8
99	滝川	711	81 旭川	広窓Ⅰ。Hゴム、4位窓埋め。オハニ61 340からスユニ改造	スユニ61 506

い。広窓Ⅰ種との形態の違いは中央部の窓が広窓になっていることだ。車掌室3位側妻面の固定窓があるタイプとないタイプが混在しているが、大半は原形車である。第1章で掲載したオエ61 54が標準的な形態だが、81は後位荷物室扉を埋め、この部分に窓も設けなかったので、特異な外観となった。

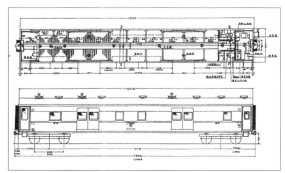

図8-1-9　マニ60形式図(広窓Ⅰ種)

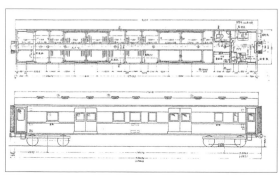

図8-1-10　マニ60形式図(広窓Ⅱ種)

オエ61 81（マニ60 2656改）　後位側の扉と隣の窓を埋めたが、工作が雑で見苦しい。　　　　　　　　　　　　　　1986.11.17　函館　P：富樫俊介

■表８－１－６　マニ60（広窓Ⅱ）改造車分類表

		マニ60	改造年度・工場		改造内容	旧番号
19	新宿	530	69	大宮	広窓Ⅱ。原形、3位妻面固定窓なし	オハニ61 47
25	塩尻	511	71	長野	広窓Ⅱ。原形、3位妻面固定窓なし	オハニ61 72
27	甲府	2597	72	長野	広窓Ⅱ。原形、3位妻面固定窓なし	オハニ61 88
28	名古屋	600	72	名古屋	広窓Ⅱ。原形、3位妻面固定窓なし	オハニ61 40
29	紀伊田辺	101	72	名古屋	広窓Ⅱ。原形。	オハニ61 461
33	鳥取	612	72	後藤	広窓Ⅱ。原形、3位妻面固定窓なし	オハニ61 36
34	浜田	143	72	後藤	広窓Ⅱ。原形、3位妻面固定窓なし	オハニ61 126
36	水戸	2062	73	大宮	広窓Ⅱ。原形、3位妻面固定窓あり	オハユニ63 12
37	平	2063	73	大宮	広窓Ⅱ。原形、3位妻面固定窓あり	オハユニ63 13
41	新小岩	2573	74	大宮	広窓Ⅱ。原形、3位妻面固定窓なし	オハニ61 136
42	佐倉	2094	74	大宮	広窓Ⅱ。原形、3位妻面固定窓あり	オハユニ64 5
53	行橋	112	75	鹿児島	広窓Ⅱ。3位妻面固定窓なし。前位出入台埋め	オハニ61 134
54	盛岡	2596	75	盛岡	広窓Ⅱ。原形、3位妻面固定窓あり。前位妻面埋め	オハニ61 220
57	熊本	164	76	鹿児島	広窓Ⅱ。原形、3位妻面固定窓あり	オハニ61 290
58	香椎	168	76	鹿児島	広窓Ⅱ。原形、3位妻面固定窓あり	オハニ61 373
59	稚内	2051	76	旭川	広窓Ⅱ。原形、3位妻面固定窓あり	オハユニ63 1
61	八王子	2075	76	大宮	広窓Ⅱ。原形、3位妻面固定窓あり	オハユニ63 25
63	金沢	2503	76	新津	広窓Ⅱ。3位車掌室窓埋め、固定窓なし。振替車	オハニ61 43
66	高知	2096	76	多度津	広窓Ⅱ。原形、3位妻面固定窓あり	オハユニ64 8
68	新鶴見	2588	77	大宮	広窓Ⅱ。原形	オハニ61 429
70	鳥栖	173	77	鹿児島	広窓Ⅱ。画像欠	オハニ61 24
72	小樽築港	139	78	五稜郭	広窓Ⅱ。原形、3位妻面固定窓あり。前位妻面埋め	オハニ61 291
74	高崎	2667	78	大宮	広窓Ⅱ。4位車掌室窓埋め、3位妻面固定窓あり	オハニ61 245
75	富山	2175	78	松任	広窓Ⅱ。原形、3位妻面固定窓なし。前位妻面埋め	オハニ61 209
76	吹田	624	78	高砂	広窓Ⅱ。3位妻面固定窓なし。4位窓1埋め	オハニ61 91
77	厚狭	137	78	幡生	広窓Ⅱ。画像欠	オハニ61 4
78	都城	629	78	鹿児島	広窓Ⅱ。4位窓1埋め	オハニ61 405
81	長万部	2656	79	五稜郭	広窓Ⅱ。両妻面埋め、後位扉埋め	オハニ61 231
82	高崎	2654	79	大宮	広窓Ⅱ。3位妻面固定窓なし。4位埋め	オハニ61 68
83	宇都宮	2619	79	大宮	広窓Ⅱ。原形。前位妻扉埋め	オハニ61 151
84	茅ヶ崎	2606	79	大宮	広窓Ⅱ。原形	オハニ61 424
85	甲府	2545	79	長野	広窓Ⅱ。3位妻面固定窓あり。前位出入台埋め	オハニ61 355
86	鳥取	162	79	高砂	広窓Ⅱ。原形	オハニ61 140
87	徳山	522	79	幡生	広窓Ⅱ。前位出入台埋め。4位窓1埋め	オハニ61 353
88	下関	521	79	幡生	広窓Ⅱ。画像欠	オハニ61 452
89	門司	89	79	小倉	広窓Ⅱ。画像欠	オハユニ63 39
92	鹿児島	2549	79	鹿児島	広窓Ⅱ。画像欠	オハニ61 46
93	青森	2658	80	土崎	広窓Ⅱ。前位出入台埋め。4位窓1埋め	オハニ61 28
95	弘前	2554	80	土崎	広窓Ⅱ。前位出入台埋め。4位窓1埋め	スハニ62 14
96	盛岡	2652	80	盛岡	広窓Ⅱ。3位妻面固定窓なし。両側面窓で埋め	オハニ61 60
97	沼津	2502	80	名古屋	広窓Ⅱ。原形	オハニ61 283
98	広島	144	80	幡生	広窓Ⅱ。原形	オハニ61 370
100	美濃太田	2097	81	名古屋	広窓Ⅱ。原形、固定窓埋め	オハユニ64 1
101	名古屋	2098	81	名古屋	広窓Ⅱ。原形、3位妻面固定窓なし	オハユニ64 2

■表8−1−7 オエ610代車歴表

改造前形式・番号・番号の※印は振替あり。第2章参照

番号	改造前 形式・番号	改造前 配置	改造 年度	改造 工場	年月日	当初 配置	廃車 年度	廃車 年月日	最終 配置	写真掲載ページ
1	オハユ61 91	小松島	66	多度津	661031	小松島	86	870126	高松	
2	オハニ61 568	高山	66	新津	661025	新潟	86	870129	新潟	40
3	オハニ61 117	郡山	66	盛岡	670113	作並	86	870126	福島	40
4	オハニ61 35	金沢	66	盛岡	670112	大湊	82	830225	盛岡	
5	オハニ61 92	高松	67	多度津	680229	小松島	84	840605	小松島	
6	オハニ61 93	高知	67	多度津	680229	高知	86	860331	高知	
7	オハニ61 121	山形	67	土崎	680314	秋田	74	741107	秋田	
8	オハニ61 3	飯田町	67	大宮	670911	大宮	73	730801	大宮	
9	オハニ61 13	甲府	67	大宮	670821	新鶴見	86	870210	高崎	40
10	マニ602208	尾久	67	大宮	690217	高崎	86	870217	高崎	2 − 3
11	マニ602586	隅田川	68	大宮	681017	大宮	86	870210	武蔵野	
12	マニ602604	高山	68	大宮	690111	大宮	84	840523	大宮	
13	マニ61 59	松山	68	多度津	680830	旭川	86	870210	隅田川	
14	マニ61 303	金沢	68	旭川	690331	旭川	90	900607	旭川	41
15	マニ61 342	釧路	68	釧路	690331	釧路	86	860903	釧路	
16	マニ61 358	東室蘭	68	五稜郭	690331	東室蘭	86	860331	東室蘭	
17	マニ61 129	高松	69	多度津	690901	高松	86	870207	高松	
18	マニ61 186	宇和島	69	多度津	690901	高松	86	870210	高松	
19	マニ60 530	汐留	69	大宮	700120	新宿	86	870210	八王子	
20	オハニ61 191	徳山	69	幡生	6911XX	厚狭	81	810924	厚狭	
21	オハユ601	汐留	70	大宮	700613	汐留	86	870210	尾久	
22	オルユ601	隅田川	70	大宮	700820	宇都宮	86	870210	小山	43
23	オハニ61 59	松山	70	松任	710120	松山	86	870114	高崎	
24	マニ602648	金沢	70	金沢	710320	金沢	85	850529	塩尻	
25	マニ60 511	汐留	71	長野	711111	浜田	85	850510	浜田	
26	マニ602698	米原	71	松任	720114	米原	86	870210	米原	
27	マニ602403	品川	72	長野	730331	甲府	84	840420	甲府	
28	マニ60 600	名古屋	72	名古屋	730227	名古屋	86	870206	竜華	
29	マニ602063	隅田川	72	大宮	730331	平	86	870207	水戸	
30	マニ60 447	宇和島	72	松任	730331	米原	86	870206	米原	
31	マニ602414	敦賀	72	松任	730322	敦賀	86	870114	金沢	
32	マニ602417	敦賀	72	松任	730301	敦賀	86	860227	金沢	
33	マニ602436	松山	72	後藤	730323	鳥取	85	850822	鳥取	
34	マニ60 143	米子	73	後藤	730305	米子	84	840306	浜田	
35	マニ602403	品川	73	大宮	740305	水戸	86	830712	水戸	
36	マニ602062	隅田川	73	大宮	740331	水戸	83	840306	水戸	
37	マニ602063	隅田川	73	大宮	740331	平	84	840215	いわき	
38	マニ602647	隅田川	73	名古屋	741030	金沢	84	840830	金沢	
39	マニ602691	金沢	73	五稜郭	750904	富山	86	870114	富山	
40	(次番)									
41	マニ602573	隅田川	74	大宮	750325	新小岩	85	860305	新小岩	
42	マニ602094	隅田川	74	大宮	750301	佐倉	85	860227	新小岩	
43	マニ602436	隅田川	74	盛岡	750311	秋田	85	850318	秋田	
44	マニ61 2366	隅田川	74	盛岡	750204	八戸	86	870210	八戸	44 下巻13章
45	マニ602692	長野	74	長野	750108	篠ノ井	83	840306	篠ノ井	
46	マニ602689	米原	74	松任	750228	金沢	84	850318	金沢	
47	マニ60 697	隅田川	74	松任	741030	鳥栖	84	840830	鳥栖	
48	マニ61 2367	隅田川	75	大宮	750904	高崎	86	870210	高崎	
49	スハニ61 2368	隅田川	75	大宮	7511XX	八王子	86	870118	八王子	
50	スハニ62 42	長万部	75	五稜郭	750909	長万部	84	840810	長万部	42
51	スユニ61 43	宇和島	75	多度津	7603XX	宇和島	84	841212	松山	42
52	マニ60 363	門司	75	小松島	7507XX	早岐	84	840605	早岐	
53	マニ60 112	門司	75	鹿児島	750702	行橋	86	870114	香椎	
54	マニ602596	隅田川	75	盛岡	7512XX	盛岡	86	870203	盛岡	4
55	マニ602690	米原	75	名古屋	7512XX	沼津	86	870206	沼津	下巻13章
56	マニ602228	宮原	75	鹿児島	7603XX	静岡	86	870206	静岡	
57	マニ60 164	鹿児島	76	鹿児島	760730	熊本	86	870120	熊本	
58	マニ60 168	鹿児島	76	鹿児島	760724	香椎	86	870114	香椎	
59	マニ602051	旭川	76	旭川	761029	稚内	86	861215	旭川	
60	マニ602443	青森	76	盛岡	761130	青森	86	870210	青森	7
61	マニ602075	隅田川	76	大宮	770126	八王子	86	870129	八王子	
62	マニ602644	新潟	76	新津	770129	新潟	86	870114	新潟	48
63	マニ602503	敦賀	76	新津	770324	金沢	86	870114	金沢	
64	マニ60 707	福知山	76	名古屋	760914	静岡	84	850308	静岡	
65	マニ61 209	向日町	76	高砂	761124	向日町	85	860305	向日町	
66	マニ602096	隅田川	76	多度津	760928	高知	86	870207	高松	
67	マニ602021	名古屋	77	旭川	780331	北見	90	900607	稚内	43
68	マニ602588	大宮	77	大宮	780210	新鶴見	84	840524	東横浜	
69	マニ60 359	熊本	77	鹿児島	780321	八代	86	861211	熊本	
70	マニ60 173	鹿児島	77	鹿児島	780331	香椎	83	830916	鳥栖	
71	マニ602438	留萌	78	大宮	790130	留萌	86	870218	旭川	44
72	マニ60 139	小樽築港	78	五稜郭	780819	小樽築港	86	870218	札幌	
73	マニ602216	酒田	78	土崎	781221	酒田	86	870210	酒田	
74	マニ602667	隅田川	78	大宮	781130	高崎	86	870210	高崎	
75	マニ602175	富山	78	松任	780609	富山	86	870114	富山	
76	マニ60 624	姫路	78	高砂	780609	姫路	83	840308	静岡	
77	マニ60 137	広島	78	幡生	780908	広島	85	850802	吹田	
78	マニ60 629	鹿児島	78	鹿児島	790112	鹿児島	84	841120	厚狭	
79	マニ60 304	名古屋	78	旭川	7903XX	都城	86	860605	都城	
80	マニ602410	青森	78	旭川	7910XX	青森	86	861215	旭川	
81	マニ602656	青森	79	五稜郭	790928	長万部	86	870218	長万部	46
82	マニ602654	隅田川	79	大宮	800111	高崎	86	870210	高崎	
83	マニ602619	福島	79	大宮	8003XX	小山	84	840523	小山	
84	マニ602606	酒田	79	土崎	800129	茅ヶ崎	86	870210	高崎	
85	マニ602545	秋田	79	長野	7908XX	甲府	86	870210	八王子	
86	マニ60 162	秋田	79	高砂	8003XX	鳥取	86	870206	鳥取	
87	マニ60 522※	下関	79	幡生	8002XX	徳山	86	870108	徳山	
88	マニ60 521※	門司	79	幡生	8001XX	門司	86	870108	下関	
89	マニ60 89	長野	79	小倉	7910XX	長崎	86	870114	門司	
90	マニ602425	名古屋	79	小倉	7912XX	名古屋	86	870114	鳥栖	
91	マニ602422	鹿児島	79	鹿児島	7912XX	鹿児島	85	850522	鹿児島	
92	マニ602549	鹿児島	79	鹿児島	7911XX	鹿児島	86	861211	鹿児島	
93	マニ602658	青森	80	土崎	8101XX	青森	86	870210	青森	
94	マニ602205	酒田	80	土崎	8011XX	青森	86	870210	青森	
95	マニ602554	秋田	80	盛岡	8010XX	弘前	86	870210	秋田	
96	マニ602652	米原	80	名古屋	8012XX	静岡	86	870203	静岡	
97	マニ602502	米原	80	名古屋	8008XX	沼津	86	870206	沼津	39
98	マニ60 144※	下関	81	幡生	8110XX	広島	86	870108	広島	
99	マニ60 711	旭川	81	旭川	8112XX	下関	86	870218	岩見沢	45
100	マニ602097	美濃太田	81	名古屋	8112XX	美濃太田	86	870206	稲沢	
101	マニ602098	名古屋	81	名古屋	810727	名古屋	84	840420	名古屋	

上巻のあとがき

　筆者が救援車の撮影に取り組んでいた1970年代は、画像のデータベースのようなものはもちろんなく、熱心なファンの間で写真や情報を交換して、少しずつ情報ギャップを埋めていた。主力の車輛や機関車ならば、相当な蓄積はあったが、1輛ずつバラバラな救援車となると、現車や写真をみなければ、どんな車輛かわからないというもどかしさがあった。

　それだけに現場の車輛基地を訪問し、現車を確認する時の期待は大きい。思いもかけぬゲテモノ車輛だったり、本書でも紹介したもぐりの振り替えなどに遭遇すると、一人で快哉を叫んだものだ。

　本書では救援車の形式順にスエ30から順番に取り上げ、オエ61の0代までを収録した。オエ61の300、600代と戦災復旧車を使った70代の救援車は下巻で取り上げる。改めて車輛の写真を点検すると、形式、種車が一緒でも色々な形態があることを認識した。微妙な差まで含めると、同じ様式の車輛はほとんどないといってもよい。スペースの関係で、一部の車輛の画像を割愛せざるを得なかった点はご了解いただきたい。

　多くの客車ファンのご協力をいただき、9割以上の救援車の外観を確認することができた。それでも上巻で対象とした265輛のうち、17輛の画像が見ることができなかった。各形式のところに掲載した「分類表」で「写真欠」と記したものが該当する。もしこの番号の救援車の写真をお持ちの方がおられたら、ぜひ発表していただきたい。本文中にも紹介したが、現車が消えて30年たった現在でも、画像の細かい分析から新しい事実が浮かび上がることがあるからだ。なお、参考文献は下巻でまとめて掲載する。

和田　洋

救援車は構内の隅の空いたスペースに留置されることが多かった。写真のオエ61 62は、窓の幅が700mmの狭窓車だが、窓の配置、改造の仕様などから、8頁に掲載した公式形式図（VC3893）のイメージが一番近い。　　1978.5.6　東新潟機関区　P：片山康毅